湖南种植结构调整暨产业扶贫实用技术丛书

棉花轻简化栽培技术

mianhuaqingjianhua
zaipeijishu

U0229394

顾　　问：喻树迅
主　　编：吴若云　熊格生
副 主 编：吴碧波　徐一兰　巩养仓
编写人员（按姓氏笔画排序）：
　　　　丁立君　丁伟平　卜茂平　白　岩
　　　　任家贵　张志刚　易小倩　徐三阳
　　　　唐海明　熊纯生　缪立群

湖南科学技术出版社

图书在版编目（CIP）数据

棉花轻简化栽培技术 / 吴若云，熊格生主编. -- 长沙 ： 湖南科学技术出版社，2020.3（2020.8 重印）
（湖南种植结构调整暨产业扶贫实用技术丛书）
ISBN 978-7-5710-0424-8

Ⅰ．①棉… Ⅱ．①吴… ②熊… Ⅲ．①棉花－栽培技术 Ⅳ．①S562

中国版本图书馆 CIP 数据核字 (2019) 第 276126 号

湖南种植结构调整暨产业扶贫实用技术丛书
棉花轻简化栽培技术
主　　编：吴若云　熊格生
责任编辑：欧阳建文
出版发行：湖南科学技术出版社
社　　址：长沙市湘雅路 276 号
　　　　　http://www.hnstp.com
印　　刷：长沙德三印刷有限公司
　　　　　（印装质量问题请直接与本厂联系）
厂　　址：湖南省宁乡市夏铎铺镇六度庵村十八组（湖南亮之星酒业有限公司内）
邮　　编：410064
版　　次：2020 年 3 月第 1 版
印　　次：2020 年 8 月第 2 次印刷
开　　本：710mm×1000mm　1/16
印　　张：7
字　　数：90 千字
书　　号：ISBN 978-7-5710-0424-8
定　　价：25.00 元

《湖南种植结构调整暨产业扶贫实用技术丛书》
———————————— 编写委员会 ————————————

重农固本是安民之基、治国之要。党的"十八大"以来，习近平总书记坚持把解决好"三农"问题作为全党工作的重中之重，不断推进"三农"工作理论创新、实践创新、制度创新，推动农业农村发展取得历史性成就。当前是全面建成小康社会的决胜期，是大力实施乡村振兴战略的爬坡阶段，是脱贫攻坚进入决战决胜的关键时期，如何通过推进种植结构调整和产业扶贫来实现农业更强、农村更美、农民更富，是摆在我们面前的重大课题。

　　湖南是农业大省，农作物常年播种面积 1.32 亿亩，水稻、油菜、柑橘、茶叶等产量位居全国前列。随着全省农业结构调整、污染耕地修复治理和产业扶贫工作的深入推进，部分耕地退出水稻生产，发展技术优、效益好、可持续的特色农业产业成为当务之急。但在实际生产中，由于部分农户对替代作物生产不甚了解，跟风种植、措施不当、效益不高等现象时有发生，有些模式难以达到预期效益，甚至出现亏损，影响了种植结构调整和产业扶贫的成效。

　　2014 年以来，在财政部、农业农村部等相关部委支持下，湖南省在长株潭地区实施种植结构调整试点。省委、省政府高度重视，高位部署，强力推动；地方各级政府高度负责、因地制宜、分类施策；有关专家广泛开展科学试验、分析总结、示范推广；新型农业经营主体和广大农民积极参与、密切配合、全力落实。在各级农业农村部门和新型农业经营主体的共同努力下，湖南省种植结构调整和产业扶贫工作取得了阶段性成效，集成了一批技术较为成熟、效益比较明显的产业发展模式，涌现了一批带动能力强、示范效果好的扶贫典型。

　　为系统总结成功模式，宣传推广典型经验，湖南省农业农村厅种植业管理处组织有关专家编撰了《湖南种植结构调整暨产业扶贫实用技术丛书》。丛书共 12 册，分别是《常绿果树栽培技术》《落叶果树栽培技术》《园林花卉栽培技术》《棉花轻简化栽培技术》《茶叶优质高效生产技术》《稻渔综合种养技术》《饲草生产与利用技术》《中药材栽培技术》《蔬菜高效生产技术》《西瓜甜瓜栽培技术》《麻类作物栽培利用新技术》《栽桑养蚕新技术》，每册配有关键技术挂图。丛书凝练了我省种植结构调整和产业扶贫的最新成果，具有较强的针对性、指导性和可操作性，希望全省农业农村系统干部、新型农业经营主体和广大农民朋友认真钻研、学习借鉴、从中获益，在优化种植结构调整、保障农产品质量安全，推进产业扶贫、实现乡村振兴中做出更大贡献。

丛书编委会

2020 年 1 月

目 录
Contents

第一章
棉花轻简化栽培概述

第二章
棉花的一生

第三章

棉花轻简化育苗移栽技术

第四章
棉花轻简化栽培关键技术

第五章
不同生育期的培管重点

第六章
轻简化栽培棉田立体高效种植

第七章
棉田高效立体种植案例

第八章
棉花主要病虫害防治技术

附录
棉花轻简化栽培技术规程

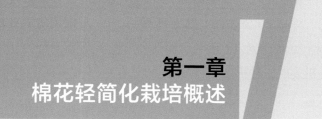

第一章
棉花轻简化栽培概述

/吴若云　白岩　吴碧波

第一节　当前棉花生产的现状和问题

一、棉田立地条件差，培管繁琐用工多

受耕地和水资源的制约，我国把棉花当作"先锋"作物，多数种在盐碱地或灌水条件较差的中低产耕地上，湖南棉花虽集中在洞庭湖和衡阳盆地，但八成以上分布在跑水漏肥的重沙旱地或丘岗山地上。棉田基础设施长期投入不足，灌排设施年久失修，抗灾减灾能力弱，对提高棉花单产和品质影响很大。

我国棉花生产周期长，长江流域棉区棉花生长期长达200多天，从种到收有50多道工序，并长期采用精耕细作的栽培技术模式，田间培管烦杂，用工多，劳动强度大的问题一直都很突出。生产50千克皮棉平均用工量多达20~30个，比美国多40~50倍，单位面积的用工量是小麦、玉米、油菜和水稻的4~5倍。棉田管理繁琐，用工多是制约棉花可持续健康发展的关键因素。

二、生产规模太小，组织化程度不高

除新疆生产建设兵团外，我国其他地区的棉花都是以户为单位分散种植的。种植 20 公顷以上的大户不足 2%。据湖南省农业农村厅经济作物处 2014~2015 年对 15 个主产棉县（市区）棉花实行的差价补贴到户统计资料分析表明，种棉 20 公顷以上的只有 0.25% 左右，种棉 0.1~0.2 公顷的为 35.8%，种棉 0.1 公顷以下占到 63.9%。

15 个主产棉县的棉花专业合作组织仅 48 家，覆盖面积虽占到 30% 左右，但合作不甚紧密，到户棉花生产规模太小，加上缺乏强有力社会化服务组织支撑，是棉花轻简化技术推广的重要障碍。

三、机械化程度低，农机农艺融合不紧

"十二五"以来，新疆棉区在喻树迅院士的倡导下，按照"全程机械化，快乐植棉"的要求，大力推进规模化种植，全程机械化取得了长足的进步；新疆生产建设兵团每亩（1 亩≈ 667 米^2，下同）用工量仅 4.7 个，只占长江棉区的 20%，占黄河棉区的 40%。湖南棉区因种植分散，规模太小，种植模式不断调整，加之棉区沟渠纵横，年均降雨量多达 1500 毫米以上，且分布不均，导致棉花生产机械化水平不高。目前棉花直播面积不到 6%，机械施肥、打药、化控占 50% 左右，机械收棉花是年年作示范，但不能大面积推广，当下每亩植棉用工在 17~18 个。导致长江棉区机械化水平不高的另一个重要因素是缺乏合适的机械，缺乏有力的农机和农艺融合的推动力，缺乏扶持政策措施。

四、生产成本较高，比较效益太低

21 世纪以来我国化肥、农药、除草剂、调控剂、农膜、租地、机械作业等生产资料价格不断攀升，尤其雇工工资成本翻番，从而导致棉花生产资料等物化成本不断增加。1978 年每公顷棉花物质和服务费仅 620 元，此后以年均 7.2% 的速度递增，到 2009 年高达 5904 元。最近 10 年棉田物化成本维持在 6200~7300 元/公顷（相当每亩 413~487 元）。

从棉田劳动投工看，1978 年每公顷棉花投工 915 个，此后随着科技进步，到 2009 年下降为 311 个，减少了 600 多个。再看劳动工价，1978 年仅为 0.8 元，2009 年上涨为 43.7 元，翻了 54 倍，当下雇工工资已超过 100 元，我们简单算一下 1 亩的生产效益：按用工 18 个，单价 80 元，用工成本为 1440 元，物化成本按 430 元计，两项总成本为 1870 元；每亩平均产籽棉 245 千克，以 7 元每千克计，总收入为 1715 元，减去总成本 1870 元后，实际亏损 155 元。也就是说如果不请工，种 1 亩棉花生产者仅得到（1715—430）1285 元的工钱。

第二节　棉花轻简化栽培的发展简历

棉花具有与其他一年生大宗农作物不同的生物学特性，如喜温好光，无限生长，自动调节和补偿功能强等独有的特性。因而比较适合精耕细作，在人多地少和不计人工成本的国情双重作用下，导致了我国棉花栽培过程比较繁琐，费工费时。特别是 20 世纪 70 年代以来，随着营养钵育苗移栽，地膜覆盖栽培、杂交棉和棉田立体种植等技术的推广应用，使得长江、黄河两大棉区形成了"稀植大棵、大水大肥、农药当家、化学调控、只争高产"的栽培模式。

随着棉花经营在 1999 年由计划经济转向市场经济以来，棉花生产中的用工多、成本高、效益低问题日渐凸显，加之由于农村劳动力向城市转移，农业劳动力减少，农作物生产亟需从劳动密集型向技术密集型转变，用轻简化，机械化替代传统的精耕细作势在必行。研究在棉花产量不减、质量不降的前提下实现栽培技术轻简化是棉花可持续发展的必由之路。湖南省的棉花轻简化技术的形成，经历了较长时间的探索和实践。大致经历了两个阶段。

第一阶段（2005—2011 年）　开展以棉田耕作制度和棉花省力化栽培为目标的十项技术创新（见《推动棉花快速发展的捷径与思考》一文，2013 年

《中国棉花》11期发表）。

（1）改传统育苗移栽为轻简育苗移栽或机械直播。实现棉花、油菜、马铃薯、蔬菜等连作双直播。

（2）改稀植大棵为合理密植。杂交棉轻简育苗栽培密度为1500~1800株/亩，直播棉密度为2000~3000株/亩；分别比营养钵移栽棉密度提高50%和2倍。

（3）改大水大肥为减量施肥。每亩平均用肥总量由80千克下降至40~50千克，减少了40%~50%的肥料施用量。

（4）改常规多次施肥为一次机械埋肥。每亩平均埋施缓释肥（N、P、K总含量45%以上）40~50千克，在棉花直播时种肥同步，一次埋施。

（5）改分户防治为专业化统防统治。全生育期只打3~4次药，比分户防治用工减少2~3个/亩、生产资料投入减少80~100元/亩。推广统防统治，不仅有利于节省用工和成本，提高防治效果，而且有利于耕地保护，减轻环境污染。

（6）改人工打顶为化学封顶或机械打顶。7月底至立秋前，用药剂封顶或棉花专用打顶机打顶，比人工打顶省5~10倍，促进集中成铃早熟。

（7）改分散成铃为集中成铃。现蕾期整理枝叶，"脱裤腿"，打顶结合补施"壮桃肥"，增加铃重，促进早熟，提高单产品质，便于集中采收。

（8）改多次采摘为集中采收。国庆节前后喷施落叶剂之前和10月下旬落叶之后分别进行人工采收或一次性机械采摘，既可节省用工、成本和生产资料投入，又可保证后季作物如油菜、马铃薯、蔬菜等及时直播，节省用工、成本和生产资料投入，采用棉花轻简育苗和直播均比营养钵育苗移栽节省用工3~5个/亩。

第二阶段（2012—2015年） 湖南省农业委员会经济作物处，以农业部棉花高产到建、棉花轻简育苗移栽和棉花轻简化技术试验示范项目为抓手，组织省棉花科学研究所、湖南农业大学、省棉花产业体系专家教授，对全省15个棉花主产县多年开展轻简化栽培，种植结构调整实践中的经验教训，认真分析总结，把碎片技术组装配套，集成适合湖南省乃至整个长江流域棉区的棉花轻简化栽培的新的技术模式。从 2013～2015 年在湖北、江西、江苏三省的 20 个主产棉县（市区）示范推广，取得显著成效。该项目 2016 年获湖南省农业丰收一等奖，2017 年获农业部农业丰收二等奖。

第三节　棉花轻简化栽培的概念与作用

一、棉花轻简化栽培的概念与内涵

1. 轻简化栽培的概念

棉花轻简化栽培是指采用现代农业装备代替人工作业，减轻劳动强度，简化种植管理，减少田间作业次数，强化农机农艺融合，实现棉花生产轻便简捷、节本增效的栽培技术体系。广义而言，棉花轻简化栽培是以科技为支撑、以政策为保障、以市场为先导的规模化、机械化、轻简化、集约化和智能化棉花生产方式与技术的统称，是与以手工劳动为主的传统精耕细作相对的概念。棉花轻简化栽培首先是观念上的，体现在栽培管理的每一个环节、每一道工序之上；同时也是相对的、建立在现有水平之上的，其内涵和标准在不同时期有不同的约定；因此，轻简化栽培还是动态的、发展的，其具体的管理措施、物质装备、关键技术、保障措施等都在不断提升、完善和发展之中。轻简化栽培是精耕细作的精简、优化、提升，绝不是粗放管理的回归。

2. 轻简化栽培的内涵

棉花轻简化栽培具有丰富的内涵。"轻"是以农业机械为主的物质装备代替人工，减轻劳动强度；"简"是减少作业环节和次数，简化种植管理；"化"则是农机与农艺融合，技术与物质装备融合、良种良法配套的过程。轻简化栽培必须遵循"既要技术简化，又要高产、优质，还要对环境友好"

的原则。技术的简化必须与科学化、规范化、标准化结合。轻简化栽培不是粗放栽培，也不是粗放不科学的简单栽培，与高产背道而驰，绝不是棉花轻简化栽培的目标。轻简化是对技术进行精简优化，用机械代替人工，用物质装备予以保障，以此解决技术简化与高产的矛盾。凌启鸿指出，必须以"适宜的最少作业次数，在最适宜的生育时期，用最适宜的物化技术数量"来保证作物既高产、优质，又省工节本、节约资源、减少污染，达到"高产、优质、高效、生态、安全"的综合目标。

二、棉花轻简化栽培的途径

尽可能使用机械，如机械整地、播种、施肥、喷洒农药、除草剂、整枝打顶、拔秆返田和采收等。尽可能简化管理、减少工序，减少用工投入；因此，努力提高社会化水平，提高植棉的规模化，提高栽培技术的标准化是实现棉花轻简化栽培的根本途径。

三、棉花轻简化栽培的核心

精量播种是轻简化栽培的核心。棉花机械化的前提是标准化种植，而标准化种植的基础则是精量播种，合理密植，棉花种、管、收各个环节的简化都依赖于精量播种，而农机与农艺融合也是从精量播种开始的，精量播种是棉花轻简化栽培的首要关键技术。

四、实现棉花轻简化栽培的必备条件

1. 建立规模化生产基地

棉花轻简化栽培的关键是用机械替代人工，棉田机械作业需要规模化种植。要充分利用国家建立棉花保护区的优势，今后要进一步加大扶持、引导力度，积极稳妥地推进土地的合理流转，加快培育家庭农场、种植大户、农民专业合作社等规模经营主体，通过相对集中、成方连片种植来推进规模化植棉。

2. 加强组织优化服务

规模化农业还要求规模化的技术和服务支持体系予以支持。大户农业、合作社农业、家庭农场等规模农业生产经营对轻简化生产技术和信息化服务的要求更加迫切。组织化服务是实现种管机械化的重要保证，规模化种植是组织化服务的基础。组织化服务的形式可以根据各地的实际情况因地制宜、多种多样，包括成立合作社、服务队、农民协会或专业公司等。

3. 提高机械化植棉

我国自 2004 年开始对农机购置进行补贴，2004—2012 年连续 9 年共补贴 744.7 亿元，成效极为显著，农业耕种收综合机械化水平从 2003 年的 32.5% 提高到 2012 年的 57%，净增 24.5 个百分点。要充分利用好国家对于机械装备的补贴政策，提高农机装备水平，特别是播种、植保、收获机械的水平，确保做到省工、高效、低耗。

五、推广棉花轻简化栽培的成效

1. 省工

棉花轻简化栽培的生产用工比传统用工节省 13 个/亩（表 1-1）。

表 1-1　轻简化栽培与传统生产用工对比　　　　　　　　　个/亩

	育苗	移栽	施肥	打药	打顶	收花	拔秆	合计
项目	备土 制钵 播种 管理	扎孔 搬苗 移栽 管理	苗肥 蕾肥 花铃肥 壮桃肥	治虫 5 次 除草 2 次 化调 5 次				
传统用工	3	2	3	4	1.5	6	1	20.5
轻简用工	2（育苗+移栽）	1.5	外包	1	2.5	1	8	

2. 省钱

棉花轻简化栽培的生产物化成本比传统生产节省 161 元/亩（表 1-2）。

表 1–2　轻简化栽培与传统生产物化成本对比　　　　　　元/亩

生产方式 项目	育苗	移栽	施肥	打药	合计
	备土	扎孔	苗肥	治虫 5 次	
	制钵	搬苗	蕾肥	除草 2 次	
	播种	移栽	花铃肥	化调 5 次	
	管理	管理	壮桃肥		
传统用工	70（育苗＋种栽）		260	166	496
轻简用工	种子 50		165	外包费 120	335

3. 环保

推广棉花轻简化栽培的区域内，化肥、农药、除草剂的总用量比传统生产方式降低 21.4%，不仅起到了节省成本的作用，而且大大降低了面源污染。

4. 高效

采取轻简技术通过增加棉花密度，生育期变短，加上推行采取集中成铃采收技术，烂花僵瓣少，成熟度一致，棉花品质普通好于传统生产。

第二章
棉花的一生

/吴若云　白岩　吴碧波

第一节　棉花的生育进程

棉花从播种到吐絮，全生育期 200~250 天。按其生育进程的先后顺序，可划分为播种出苗期、苗期、蕾期、花铃期和吐絮期。这个进程不仅有其顺序和连续性，而且在进入花铃期以后，在同一棉株上，现蕾、开花、结铃、吐絮出现重叠与交错。同时，各个生育阶段出现的早晚与持续时间的长短均与不同的品种特性、环境条件与栽培技术措施等方面关系密切。

一、播种出苗期

棉籽播种后，经种子萌发、幼苗出土到子叶平展称为出苗期（图 2-1）。群体有 50% 的棉苗达出苗标准称为出苗期。此阶段的生育特点是具有生活力的棉籽，在适宜的气候、土壤条件下，利用子叶储存的养分，由种子长成幼苗，一般为 7 天左右。出苗期的长短主要与播期、温度等因素密切相关，此外，所采取不同

图 2-1　棉花播种出苗期

的育苗技术措施其出苗期的长短不一，如采用塑料薄膜保温育苗的出苗期短于露地育苗或直播。

二、苗期

从出苗到现蕾称为苗期，历时 40~50 天（图 2-2）。此期的生育特点是棉株以根系生长为中心进行营养生长，根系的生长速度比地上部快，并开始花芽分化。

图 2-2　棉花苗期

三、蕾期

从现蕾到开花称为蕾期，历时 25~35 天（图 2-3、图 2-4）。其生育特点是营养生长与生殖生长并进，以营养生长为主。可通过合理肥水运筹并采取相应的中耕、整枝、治虫等来协调植株的地上部与地下部、营养生长与生殖生长的关系。

图 2-3　棉花蕾期　　　　　图 2-4　棉花蕾期田间长势

四、花铃期

从开花到吐絮称为花铃期，历时 50~70 天（图 2-5）。此期由于外界温度、光照等条件较适宜，根系吸收力强。花铃期的营养生长和生殖生长均是最旺盛的阶段，也是经济产量形成的关键时期。盛花前期以营养生长为主，盛花后期以生殖生长为主，此期干物质积累量占棉花全生育期积累总量的 70% 以上。

图 2-5　棉花花铃期

五、吐絮期

从开始吐絮到全部收花结束，至拔秆时称为吐絮期（图 2-6），历时 70~100 天，该时期是决定铃重和纤维品质的关键时期。其长短主要受种植密度与单株留台数的影响较大。此期气温开始逐渐下降，根系吸收力减弱，营养生长渐衰，营养物质大量运转到棉铃，干物质积累量占全生育期的 10%~20%。

图 2-6　棉花吐絮期

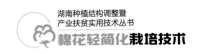

第二节　棉花产量构成

一、棉花产量构成

棉花产量构成是个体发育和群体生产的繁殖过程。外界环境通过影响棉花个体生长发育和群体生长过程进而影响其产量的构成。

因此，把棉花的产量构成过程置于最佳的时空、生态环境和肥水管理技术是获得高产的重要条件。其次是协调好植株个体与群体、营养生长与生殖生长及不同产量因素之间的关系。

皮棉产量＝单位面积株数 × 单株结铃数 × 单铃重 × 衣分

　　　　＝单位面积总铃数 × 单铃重 × 衣分

二、棉花不同产量水平产量构成

单位面积总铃数、单铃重、衣分是棉花皮棉产量构成的三个重要因素，这三个构成要素对棉花的产量具有明显的影响。其中，单位面积总铃数对产量起主导作用，总铃数和产量呈正相关关系，总铃数每增加一个单位，可使产量提高 0.127 个单位。其次是单铃重，衣分对皮棉产量的影响作用最小。因此，生产上要提高皮棉产量，在栽培措施中应主攻单位面积的总铃数，其次为单铃重（表 2-1）。

表 2-1　棉花不同产量水平下的产量构成因素

品种	皮棉产量水平（千克/亩）	密度（株/亩）	单株铃数（个）	单位面积总铃数（万个/亩）	单铃重（克）	衣分（%）
常规种	75	3000~4000	15	4.5~6.0	4.3	36~37
	100	2500	25	6.25	4.5	37
	≥125	2000	35	7.0	5.0	38
杂交种	75	1000~1200	33~40	4.0	6.0	35~36
	100	1500	40	6.0	6.0	36~37
	≥125	1800	39	7.0	5.5~6.0	37

第三节 棉纤维品质指标及评价

一、棉纤维品质指标

棉纤维的经济性状和品质指标主要包括衣分、衣指、纤维长度、纤维细度、纤维强度和纤维成熟度等，其中纤维长度、纤维细度、纤维强度、纤维成熟度等是影响棉花成纱品质重要的指标。这些指标可用棉纤维品质检测仪进行测定（图2-7、图2-8）。

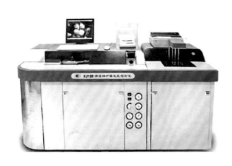

图 2-7 国产 XJ120 棉纤维品质快速检测仪

图 2-8 棉纤维品质检测

二、棉纤维品质分级

1. 纤维长度

棉纤维长度是纤维伸直后两端间的距离（单位为毫米）。当其他纤维品质指标相同时，纤维越长，纺纱支数愈高。棉纤维长度分级见表2-2。

表 2-2 棉纤维长度分级

分级	中短绒	中绒	中长绒	长绒	超长绒
纤维长度（毫米）	25.0~27.9	28.0~30.9	31.0~33.9	34.0~36.9	37.0 及以上

2. 长度整齐度指数

测定棉纤维长度时，一般用平均长度与上半部平均长度之比，以上半部平均长度的百分率表示。棉纤维长度整齐度指数分级指标见表2-3。

表2-3　棉纤维长度整齐度指数分级

分级	低	较低	中	较高	高
长度整齐度指数（%）	<77	77~79	80~82	83~85	>85

3. 断裂比强度

棉纤维断裂比强度是指棉纤维试样受到拉伸直至断裂时，所显示出来的每单位线密度所受的力。棉纤维断裂比强度分级见表2-4。

表2-4　棉纤维断裂比强度分级

分级	超低	低	较低	中	较高	高	超高
断裂比强度（厘牛/特）	<21	21~23	24~26	27~29	30~33	34~36	>36

注：断裂比强度为3.2毫米隔距，国际校准棉花标准（HVICC）校验水平。

4. 纤维细度

棉纤维细度以单位质量纤维的长度来表示，单位为米/克。同时，也有用马克隆值进行表示，即指1英寸长（约25.4毫米）纤维的微克数。细绒棉马克隆值分级见表2-5，纤维细度与成纱强度密切有关。纺同样粗细的纱，用细度较细的成熟纤维时，由于纱内包含的纤维根数多，纤维间接触面大，抱合较紧，成纱强力就高。

表2-5　细绒棉马克隆值分级范围

分级	A 级	B 级		C 级	
马克隆值	3.7~4.2	3.5~3.6	4.3~4.9	3.4 及以下	5.0 及以上

5. 异性纤维

在棉花的采摘、收购、加工、包装过程中，需注意严禁混入异性纤维。

6. 优质棉

不同优质棉的质量指标见表2-6。

表 2-6　优质棉的质量指标

档次	质量要求					
	长度（毫米）	长度整齐度指数	断裂比强度（厘牛/特）	马克隆值	品级	异性纤维（％）
A	25.0~27.9		≥26	4.0~5.3		
A A	28.0~30.9		≥30	3.7~4.9	1~3	
A A A	31.0~33.9	≥83	≥34	3.5~4.5		0
A A A A	34.0~36.9		≥38	3.0~4.2	1~2	
A A A A A	≥37.0		≥42	2.5~4.0		

注：断裂比强度隔距3.2毫米，国际校准棉花标准（HVICC）校验水平。

第三章
棉花轻简化育苗移栽技术

/熊格生　徐一兰　唐海明　易小倩　吴碧波

第一节　育苗类型与特点

湖南棉花轻简育苗移栽技术主要有软盘基质育苗和水浮育苗两种类型。

棉花轻简育苗移栽技术具有减少劳动用工，减轻劳动强度，节省苗床面积，棉苗病虫危害轻，移栽速度快、成活率高，节本增收等优点。

同时也存在着各地气候条件、土壤和种植制度不一致，棉花轻简育苗移栽配套关键技术也需因地制宜进行改进。

第二节　育苗设施及育苗关键技术

一、软盘基质育苗

1.物资准备

基质育苗设施需准备育苗基质、穴盘、竹弓、农膜、地膜等（图 3-1 至图 3-4）。

图 3-1　育苗基质

图 3-2　干净河沙

图 3-3　竹弓

图 3-4　农膜

2. 育苗关键技术

一要建立苗床。选择背风向阳、管理方便、靠近棉田或房前屋后无树阴或建筑物遮挡的地方开挖或建设苗床，也可用钢架大棚做苗床。床底要平，撒施适量甲拌磷防地下害虫，并铺农膜。床宽 1.2 米，深 8~10 厘米，长度按所需苗床面积确定（图 3-5）。

图 3-5　苗床规格

二要精细播种。将混合均匀的育苗基质装入穴盘，预装 2/3 基质，放入苗床备播。按移栽时间倒推播种时间，一般 4 月初播种，一穴一粒，播种后用基质（湿度 60% 左右）覆盖压实，盖至与苗盘表面平齐（图 3-6、图 3-7）。播前浇足底墒水，以育苗基质湿透、穴盘底部渗水为宜。

图 3-6　穴盘基质育苗播种

图 3-7　播种后用基质覆盖种子、抹平

三要加强苗床管理。根据棉苗生育进程调控温度，出苗至子叶平展期，保持温度在 25 ℃左右，齐苗后及时小通风，出真叶后，上午揭膜通风、下午覆盖，后期随着气温升高，可日夜揭膜炼苗。掌握"干长根"原则，苗床以控水为主，根据基质墒情、苗情及时补充水分（图 3-8、图 3-9）。

图 3-8　按次序将穴盘放入苗床上　　图 3-9　水分管理

　　四要适时起苗移栽。当苗龄达到两叶一心至四叶一心，棉苗红茎达到3∶2时为起苗移栽适期，选阴天或晴天下午，取苗移栽。起苗时用手握住棉苗茎基部，轻轻向上将棉苗连基质一起拔出，用微型打塘器定密打洞移栽（图3-10至图3-13）。

图 3-10　用手插入苗床底部托起幼苗

图 3-11　将基质轻轻抖掉

图 3-12　将棉苗分类扎成捆

图 3-13　幼苗叠厢运输

二、水浮育苗

1. 物资准备

　　水浮育苗设施需准备专用育苗盘、育苗基质、育苗专用肥、竹弓、农膜、地膜、棉苗生长调节剂等（图3-14至图3-18）。

图 3-14　育苗基质

图 3-15　苗肥

图 3-16　育苗盘

图 3-17　竹弓　　　　　　　　图 3-18　农膜

2. 育苗关键技术

育苗准备。一要备足专用育苗盘、育苗基质和育苗专用肥。二要播种前制作好育苗池；规格为：宽 1.1～1.2 米，池深 15 厘米，池底和四周铲平，长度按照每亩大田 12 张育苗盘确定（图 3-19、图 3-20）。三要播种前按该技术专用肥说明书要求配制营养液（图 3-21）。

图 3-19　开挖苗床

图 3-20　苗床铺膜

图 3-21　配制母液

　　播种要求。一般在移栽前 30~40 天播种。育苗基质浇足水，以"手抓成团，挤压滴水"为宜。先将育苗盘装入 2/3 基质，放入棉种，一穴一粒，播齐后再用基质填满刮平（图 3-22 至图 3-25）。

图 3-22　基质装盘

图 3-23　抖盘　　　　　　　　　　图 3-24　播种

图 3-25　播种后基质覆盖种子

　　苗床管理。将育苗盘整齐摆放在育苗池内，抓好苗床温湿度调控，培育壮苗。育苗期间要注意育苗池营养液深度，发现缺水及时加水补液。一般两叶一心时移栽比较适宜（图 3-26、图 3-27）。

图 3-26　棉苗出土后，逐步揭膜炼苗　　　图 3-27　移栽苗龄

　　起苗移栽。移栽时连同育苗盘将棉苗运到田间，轻拿轻放，将棉苗带基质放入移栽穴（沟）内（图 3-28、图 3-29）。

图 3-28　起苗　　　　　　　　　图 3-29　带基质移栽

第三节　壮苗技术

一、软盘（基质）育苗

　　苗床水分管理以控为主，第一次补水与行间灌促根剂结合进行，子叶平展时用促根剂 100 倍液灌根 1 次，每平方米苗床用促根剂 40 毫升，加水稀释至 4000 毫升均匀浇灌于苗床（图 3-30）。棉花从出苗到子叶平展，要求

温度保持在 25℃ 左右，齐苗后注意调节温度，及时通风，防止出现高脚苗，齐苗后，若株距小于 2 厘米，要及时疏苗。

图 3-30　将促根剂稀释液均匀浇灌于苗床

二、水浮育苗

　　根据棉苗长势酌情喷施助壮素或缩节胺进行调控，防止高脚苗。每次喷施浓度应控制在 1 克缩节胺兑水 100 千克（图 3-31）。根据棉苗长势酌情补充速效性氮、磷、钾肥。棉苗 2 片真叶后，日平均气温 20℃ 以上可全部揭开薄膜炼苗；也可抢晴天将育苗盘架高使根系离开营养液，进行 1~2 小时的间断性炼苗（图 3-32）。

图 3-31　生长调控　　　　　　　　图 3-32　间断性炼苗

第四节　移栽技术

一、软盘（基质）育苗

　　起苗前叶面喷施 1 : 15 倍保叶剂稀释液。根据棉田的茬口、地力、间套模式以及棉花品种等确定移栽密度（图 3-33、图 3-34）；移栽后遇旱，需浇足"定根水"（图 3-35）。

图 3-33　麦棉套作　　　　　图 3-34　收获前茬后移栽棉苗

图 3-35　棉苗移栽后浇"安家水"

二、水浮育苗

　　根据棉田的茬口、地力、间套模式以及棉花品种等确定移栽密度（图 3-36、图 3-37）；移栽后遇旱，需浇足"定根水"（图 3-38）。

图 3-36 带基质移栽

图 3-37 合理密植

图 3-38 浇足"定根水"

第四章
棉花轻简化栽培关键技术

/吴若云　熊纯生　任家贵　缪立群　丁立君

第一节　免耕播种

一、备种

每亩常规棉备包衣种 0.75 千克、杂交棉备种 0.5 千克；杂交棉品种可用湘农大 1 号、中棉所 23 等（图 4-1）。

图 4-1　备种

二、播种

一般春收后在 5 月选晴天，用多功能播种机浅旋灭茬除草，播种埋肥，整地开沟一次性完成播种。对分散小块棉地也可用半自动播种器或人工点播，播种前 1 周，每亩用 10% 除草剂水剂 0.3~0.4 千克加扩展助剂 1 包对水 15 千克，全田喷施除草；干籽露地播种前不要翻耕，用 45% 复合肥 1.5 千克作基肥拌细土作备用盖种土。每穴点籽 1~2 粒，并覆盖种土 1~1.5 厘米即可；遇干旱时不要浇水，等下雨自会出苗整齐（图 4-2）。

图 4-2　播种

三、播种密度

一般每亩常规棉播 2500~4000 穴、杂交棉播 1500~2500 穴（图 4-3）。

图 4-3　播种密度

四、埋基肥

播种时每亩用缓释肥 40~50 千克与种子同时埋入，种肥相距 15 厘米左右。缓释肥基本能做到一次施用终生管用（图 4-4）。

图 4-4　埋基肥

第二节　合理密植

4 月下旬至 5 月初直播棉花的密度为每亩常规棉 2000 株，杂交棉 1500 株；5 月中旬、下旬油菜（麦）收后直播棉花的密度为每亩常规棉 3000 株以上，杂交棉 2500 株左右（图 4-5）。

图 4-5　种植密度

第三节　一次埋肥

采用专用缓释肥在播种前后作基肥一次性埋施，每亩一次性施 40~50 千克，全生育期一般不再追肥（图4-6）。如遇特殊情况（如现蕾、开花期棉田厢面因雨曾短期上过水，或遇干旱）则酌情补施肥 1 次（尿素 10 千克/亩），既可保证棉苗生长稳健，又可省肥、省工，实现平衡增产，节本增收，提质增效。

图 4-6　一次埋肥

第四节　全程化调

图 4-7　全程化调

苗期、蕾期、花铃期看苗看天气用 8~10 克缩节胺全程适度化控，打顶后 7 天左右每亩用 2~4 克缩节胺化控，主要喷施生长点，控制生长量，防治"天盖地"或荫蔽（图4-7）。

第五节　专业防治

根据棉花生产过程中普遍发生的虫害或病害进行统一飞防，病害主要以预防为主，虫害主要以预测预报为主进行统防防治（图4-8）。

图 4-8　病虫害专业防治

第六节　集中成铃

一、"脱裤腿"，整枝叶

在 6 月底 7 月初，对长势好且早发的棉苗整除基部 1~2 盘早果枝和主茎叶；长势中等的棉苗整除基部 2~3 盘果枝和主茎叶；长势较弱的只留顶部 3~4 叶（图 4-9）。

图 4-9　整枝叶"脱裤腿"

31

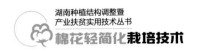

二、早打顶，打大顶

根据棉田长势留 13~16 盘果枝打大顶，打掉顶部 2~3 盘果枝。长势好的少打，长势相对较弱的适当多打，确保顶部 3~4 盘果枝粗壮和撑得开，多结早秋桃，从而做到相对集中成铃（图 4-10）。

图 4-10　打顶

第七节　催熟落叶

在吐絮达到 70% 时，喷施专用脱叶剂，促进顶部棉铃快速成熟吐絮。喷施脱叶剂要均匀，全部叶片都要喷到（图 4-11）。不能使用百草枯脱叶，喷施百草枯后叶片将死而不易脱落。

图 4-11　催熟落叶

第八节　两段采收

　　在喷催熟脱叶剂前人工采收 1~2 次，使用脱叶剂后再一次集中采收，这样能确保次次"捡满花"，省工节本（图 4-12）。

图 4-12　集中采收棉花

第五章
不同生育期的培管重点

/吴若云　熊格生　徐三阳　吴碧波

第一节　前期管理（苗蕾期）

一、苗壮密植技术

1. 品种选择

选择适合本地种植、株型紧凑、结铃集中、抗逆性强、抗病虫性好、品质优良的早熟（生育期不超过 110 天，全生育期 160 天左右）品种（图 5-1）。

2. 种子处理

选择成熟饱满棉籽进行脱绒、精选、包衣处理的商品棉种。

图 5-1　品种选择

3. 播种时间

一般 5 月初至 5 月下旬播种，以 5 月底见苗为好。

4. 播种方法

选择晴天清沟平垄，用多功能棉花播种机一次性完成灭茬、除草、整地、开沟、埋肥、播种等作业；每亩播种密度常规棉 2500~3000 株、杂交棉

1500~2500 株。机械收花行距 76 厘米（或 66 厘米 +10 厘米）；非机械收花行距 90~100 厘米（图 5-2）。

5. 蜗牛、地老虎防治

蜗牛防治：定苗前每亩撒施 6% 四聚乙醛（密达）0.5~1.0 千克；地老虎防治：每亩喷施"灵扫利"20 毫升（兑水 10~15 千克）。

6. 定苗

精量播种的不需定苗；人工播种（或播种器播种）的要视出苗情况定苗，去掉多根苗中的弱苗；缺株率大于 15% 的需要补种或补苗。

7. 病虫害防治

虫害主要防治棉盲蝽蟓、蚜虫、棉红蜘蛛、棉蓟马和棉铃虫等；病害主要防治立枯病、炭疽病、枯黄萎病等（图 5-3）。

图 5-2　旋耕施肥播种机，旋耕、施肥、播种一次性完成

图 5-3　专业化病虫害防治，机械（飞行器）施药，包括施用化调剂、棉花打顶剂、脱叶剂、除草剂等

二、肥水管理关键技术

1. 肥料种类

可利用农业部门通过土壤测试和肥料田间试验所得出的配方，也可用如下推荐的配方：N+P_2O_5+K_2O>45%，其中 N：P_2O_5：K_2O=19：8：18。

最好由专业合作社委托大型肥料厂实地进行测土配方，生产氮、磷、钾总量
45%~48% 的棉花专用缓释肥（图 5-4）。

图 5-4　肥料

2. 施用时间

用多功能播种机械播种时，施肥
与播种同步进行；半自动机械或人工
播种时可等棉花出苗后，长至三叶一
心后再埋基肥（图 5-5）。

3. 施肥方法

每亩深施棉花专用配方缓释肥
（N：P：K=19：8：18）40~50 千克
（视土壤肥力而定），棉花专用配方缓
控释肥不应穴施或满田撒施，应集中
深施，开沟 15~20 厘米深，与棉株间
距 15 厘米左右埋施（图 5-6）。

图 5-5　施肥时间

4. 田间除草

播种后 25~30 天，视田间杂草种
类和生长量，决定除草剂的品种与喷
施方法。杂草以禾本科为主，选用精
盖草能、精禾草克等除草剂；杂草种

图 5-6　施肥方法

图 5-7　田间除草

类较多或是以阔叶杂草为主，选用美棉双清除草剂，剂量与方法参考药剂使用说明（图 5-7）。

喷除草剂时注意药液尽量不要沾在棉叶上（禁止使用百草枯一类的除草剂）。从播种到棉花未封行前，一般行间除草 1~2 次。

第二节　中期管理（花铃期）

一、化学调控

遵循少量多次的原则，棉花生育期内，一般需要喷施 3~5 次，缩节胺总用量 8~12 克。蕾期到初花期施缩节胺，每次 0.5 克/亩，兑水 15~20 千克；盛花期每次每亩施缩节胺 1~2 克，兑水 20~25 千克；打顶后每次每亩施缩节胺 3~5 克，兑水 25~30 千克，具体情况视棉花长势而定（图 5-8）。

图 5-8　化学调控后的棉田

二、棉花打顶

根据棉花长势、株高、果枝数、密度、打顶适期等，在立秋前后，当棉株高度达到 110~140 毫米、果枝达到 12~16 台时，最迟在 8 月 10 日当高度、果枝数和时间只要其中有一个指标达到要求即可打顶。

打顶可采用人工打顶、机械打顶或化学封顶三种方式，若采用化学封顶，一定要认真阅读封顶剂的使用说明和注意事项（图 5-9）。

图 5-9 化学封顶的棉田

三、病虫防治

花铃期：虫害主要防治棉铃虫和斜纹夜蛾，兼治其他害虫；病害主要防治铃病。

四、花铃期追肥

在 8 月上旬，对棉花长势弱的棉田每亩追施尿素 10 千克，选晴天下午 4 时后撒施。

第三节　后期管理（吐絮期）

一、防止早衰

从吐絮期开始，间隔 10 天喷施 1 次 0.2%~0.3% 的磷酸二氢钾溶液，连喷 2 次以上，若遇严重干旱时可增加 1~2 次喷肥以增强光合产物的积累和运转，促进成铃和吐絮顺畅。叶面喷肥宜在晴天下午 4 时后或阴天进行，防止水分蒸发过快，肥料灼伤叶片产生肥害。

二、脱叶催熟

棉田吐絮率达 60% 以上时，可以喷施脱叶剂。每亩用噻苯隆 30~40 克，兑水 20~30 千克，用喷雾器均匀喷施，保证棉株上、中、下层叶片都能均匀喷有脱叶剂（图 5-10）。

喷施脱叶剂一般要求日平均气温在 18℃~20℃，最低温度不能低于 14℃；在风大、降雨前或烈日天气禁止喷药作业；喷药后 12 小时内若降中到大雨，应当再喷（图 5-11）。

图 5-10　棉花专用脱叶剂——噻苯隆

图 5-11　化学脱叶后的棉田

三、集中收花

1. 机械收花

棉花脱叶率 85% 以上，吐絮率 95% 左右，籽棉含水率不大于 12%，清除棉株上杂物，如塑料残物、化纤残条等后，即可进行一次性机械收花

（图 5-12、图 5-13 ）。

图 5-12　机械集中收花现场

图 5-13　棉花机械采收

2. 人工收花（或便携式收花器收花）

采摘前将帽子、采花围裙袋、装花箩筐等清理干净，头发必须卷入帽中，用采花围裙袋装田间采摘的棉花。帽子、围裙袋、筐装花袋必须用纯白棉布材料制作。

田间人工采摘选晴天，上午在棉田露水干后开采，7~10 天为一个采摘时段。先采正常吐絮的成熟好花，后捡烂花、僵瓣、变色花、烂铃等。必须分品种、分批次进行人工采摘；及时抢摘开口铃，做到烂壳而不烂花；分品种装袋；不带壳收花、不摘裂口铃（又称笑口桃）；不得将铃壳、苞叶、棉叶等杂质混在籽棉中（图 5-14、图 5-15）。

图 5-14　人工收花

图 5-15　收花器收花

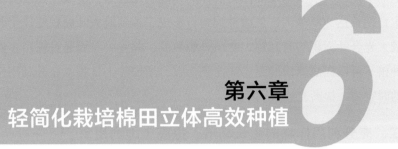

第六章
轻简化栽培棉田立体高效种植

/白岩　吴若云　丁伟平　张志刚　熊格生

　　棉田立体高效种植是指棉田通过棉花与蔬菜、瓜类及其他经济作物的间作、套作，以获得较高的经济效益。近年来，随着棉花轻简育苗技术的推广，棉田的立体种植模式及品种搭配方式更趋多样，栽培技术水平不断完善，其经济效益逐步提高，有的已达油棉或麦棉两熟纯收益的3~4倍，对稳定和发展棉花生产起到了积极的作用。目前，该技术在江苏、湖北、湖南、山东、安徽、江西等省得到较快发展，仅江苏省目前这一种植方式已占全省棉田面积的50%左右。

第一节　棉田立体种植的理论依据

一、增加叶·日积，提高光能利用率

　　叶·日积是指作物生长期内叶面积指数与作物生长日数的乘积，在一定范围内，叶·日积数与光能利用率成正比。农作物的养料95%以上来源于光合作用，而作物本身对光能的利用率很低。从栽培角度看，因作物的种植方式及栽培管理技术限制（如株行距配置不合理，种植密度过低或过高），

从而不能最大限度地发挥作物群体的光能利用能力，造成光能浪费；棉花全生育期长达 200 多天，从播种到封行形成，达到最大叶面积要 3 个月，保持较大光合叶面积的时间短，叶·日积数低，漏光多。而通过棉田多熟、立体种植，可以提高棉田的终年叶面积指数，增加叶·日积，充分利用作物之间的时空差，提高光能利用率。

二、充分利用作物的生长季节，提高土地利用率

在棉田立体种植的一个周期内，同一田块生长的作物是一个复合群体，这些作物都是分期播种（移栽）和收获，从而缩短了土地闲置期；从空间分布来看，这些作物有高秆、矮秆，直立或匍匐，可从不同层次吸收和利用阳光；再从根系分布来看，这些作物有深根、有浅根，有直根系和须根系等，可从土壤的不同层次吸收养分和水分。实行棉田立体种植，就是充分利用这些作物的各自特点，借助高秆和矮秆、禾本科与豆科、窄叶与宽叶、喜阴与耐阴等不同作物构成的复合群体在时空上得以充分利用，从而提高土地产出率和资源利用率。

三、由增量向增效发展，提高棉花生产综合效益

20 世纪 90 年代前的棉田间套种目标单一，主要是提高粮棉单位面积产量，增加资源总量，保障有效供给。种植的类型也都是粮棉间套种，虽然粮棉产量得到有效提高，但产投比较低，单位面积效益增加不多。20 世纪 90 年代以来，随着农村劳动力减少，人工工资大幅提高，比较效益降低，农民自发进行棉田高效多熟制日益增加，主要目的就是提高植棉经济效益，近年来棉田多熟间套种植制度已进入到一个以市场调节为导向，以提高单位面积效益为目标的以棉为主、棉经（粮）结合的新的发展阶段。

第二节　棉田高效种植方式及配套技术

棉田立体种植是一项技术性较强的工作，实行棉田的合理间套复种，要妥善解决好棉花与间套作物争光、争肥、争空间的矛盾，减少对棉花生长发育的影响，实现棉花与间套作物的高产稳产。

一、选择间套作方式，做好品种搭配

各地棉农在长期生产实践中，结合当地生态条件、水肥条件、主要作物种类、耕作栽培习惯，创造了多种多样高效多熟种植方式，归纳起来主要有以下 3 种基本方式。

1. 棉田秋冬间套作类型

这种类型包括棉田间套作越冬蔬菜、豆类和早春速生蔬菜等作物，其收获期一般与小麦、油菜等作物相近或稍早，大多可在棉花现蕾前收获完毕。这种套作类型根据前作物的组合又可分为以下两类。

（1）蔬菜类作物与棉花两熟套种。在棉花生长后期或拔棉秆后播种（移栽）越冬蔬菜类作物，或在早春播种速生蔬菜类作物，与棉花套种实行一年两熟栽培。采用这种形式种植面积较大的有大蒜、洋葱、马铃薯、春甘蓝、榨菜、荷兰豆等早春蔬菜与棉花套种等。一般来说，这类棉花前套种作物的植株矮小，与棉花争光的矛盾较小，然而对水肥的要求较高，与棉花前期需水少，要求较高地温存在着矛盾，但只要配套得当，对棉花产量的影响较小，与麦（油）棉两熟套种相比，既有利于棉花优质高产，又能显著提高棉田的总体经济效益。

（2）小麦间作蔬菜套作棉花一年三熟。这类形式主要是在黄河流域棉区麦棉两熟套作的基础上，充分利用预留棉行间套作蔬菜类作物，蔬菜收获后麦行中栽棉花。间套作的蔬菜主要有榨菜、菠菜、甘蓝、大白菜、洋葱、大蒜等。这些蔬菜有的是秋种冬收，有的是冬种春收，对棉花产量无直接影响，是棉田秋冬季开发的主要形式，棉田经济效益比麦棉两熟套作的有大幅

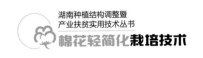

提高。

长江流域的油菜连作棉花区域，也可充分利用收获油菜后播种（移栽）棉花时，进行套种蔬菜、西甜瓜、鲜食春玉米等，实现一年三熟制，提高棉田综合效益。

2. 棉田春夏间套作类型

这种类型是棉田间套作夏季瓜、菜、豆类作物。间套作的蔬菜类作物有西红柿、辣椒、矮秆四季豆等，瓜类有西瓜、甜瓜，此外还有黄豆、绿豆、花生等。这类作物一般在 4 月中旬前完成移栽与棉花播种，在 7 月中旬完成收获，但与棉花共生期较长，两种作物间有争光、争水、争肥的矛盾，对棉花的正常生长也有影响。若栽培措施得当，对棉花的产量、品质影响不大。要实现这类种植方式的高经济效益，必须选用早熟、矮秆的作物和品种类型，采取相应的措施缩短共生期和减轻其相互影响，处理好间套作物与棉花的关系。这种类型也可再分成两种。

（1）棉花间套瓜菜一年两熟。在冬季休闲一熟棉田，早春播种育苗（辣椒、西红柿等要在冬天播种，保温育苗），春暖后移栽大田，棉花套种或移栽在瓜菜预留的行间，形成瓜（菜）、棉间作。

（2）麦、棉、瓜菜一年三熟。即大（小）麦套作棉花间作夏季瓜菜等。其中，包括麦套春棉间作夏季瓜菜、春大豆等和麦（油）后移栽棉花间作夏菜、夏大豆（绿豆）等两种形式。种植面积较多的组合有小麦套作棉花间作西瓜（或甜瓜），小麦套作棉花间作西红柿（辣椒），小麦套作棉花间作春黄豆，油菜收后棉花间作夏黄豆（绿豆）等。如秋冬季为麦菜间作，春夏棉花间套夏季瓜菜，则形成一年四种四收的多熟种植形式。

3. 全年四季连环间套作类型

这种类型通常适应城镇郊区以蔬菜为主的棉产区，棉田秋冬间套作加春夏间套作形成一年四熟、一年五熟等多熟间套作模式。这种全年多层次、多熟制的间套作，由于作物种类多，不同生育期的蔬菜品种，需要合理搭配穿插套种，因而季节紧，对技术要求高，是一种高投入、高产出的种植方式。

二、优化田间配置，适当降低密度

棉田间套作物主要种植在棉花大行内或沟边，不同模式对田间配置的要求不同。但进行立体种植的棉田，总的原则是必须适当放大畦宽，扩大行距，一般行距1~1.2米，以利提高间套作物的田间覆盖率，增加产量。同时，种植密度控制在1200~1500株/亩。对已经预留好的棉田，畦宽行距无法扩大，可选择在大行中间和沟边间套蔬菜和经济作物，可利用宽行优势，一方面增加间套作物的占地面积，另一方面又有利于棉田管理操作。

三、应用地膜覆盖，缩短共生期

实行间套的棉田，间套作物和棉花之间有一个共生期，多种作物共生对棉田的生态有严格要求，共生期越长，对棉花的影响越大。冬春间套作物必须争取促进作物早长早发早熟，秋冬间套作物必须适当推迟进入大田期，冬季增温防冻。因此，间套作物应提倡育苗移栽，地膜覆盖，做到一膜多用，可有效提高土壤温度。一般应用地膜覆盖技术，晴天可使土壤温度提高3℃~5℃，阴雨天可提高1℃~2℃，从而促进棉花和间套作物的生长发育，加快其生育进程，缩短共生期。如棉套西瓜，露地栽培，共生期长达60天左右，而应用地膜覆盖栽培西瓜和棉花，不仅可使西瓜生育期提早7~10天、上市时间提前10~15天，棉花的产量也可提高10%左右，效益明显增加。

四、增加肥料投入，满足作物养分需求

立体种植的棉田由于复种指数高，田间收获次数多，不同作物都从土壤吸收养分，地力消耗较大，必须增加肥料的投入，尤其是要重视有机肥和磷钾肥的投入，以满足不同作物生长的需求，施肥量要比单季棉花施肥量增加10%以上。同时，要针对不同作物对养分的需求，进行配方施肥，平衡土壤养分。在肥料品种上，应提倡施用肥效期长的缓释性肥料。施肥技术上，提倡深施、穴施、沟施，以减少肥料流失，提高肥料利用率。

五、选用高效低毒农药，实行全程无公害生产

由于间套棉田是几种作物复合群体生长，病虫交替发生。特别是间套蔬菜、瓜果等直接供食用的棉田，一定要注意科学用药，防止造成农药污染和危害。因此，要特别重视立体种植棉田的病虫防治，推广应用高效低毒低残留的农药，减少用药次数；具体防治技术上，生长前期要坚持以天敌控制和生物防治为主，一般不施农药，棉花中后期，选择菊酯类农药，禁止施用有机磷农药，特别要注意棉花与间套作物共生期，严格使用高毒农药，以免造成公害。

六、注意轮作换茬，提升土壤肥力

必须十分重视棉田的合理换茬，以充分利用不同层次的地力和土壤中的不同养分。轮作换茬周期一般以 2~3 年进行 1 次较为合理。提倡秸秆还田，以增加田间有机质，改善土壤理化性状，特别是马铃薯及瓜类等草本匍匐、蔓生的茎叶，含水量高，木质化程度低，还田后腐烂转化快，培肥作用显著。

第三节　棉田立体高效种植的几点建议

棉田立体种植是以实现棉田多层次利用光、热、水资源，集技术、劳力、物资为一体，密集型高度集约化的棉田耕作新体系，发展前景比较广阔，但涉及面较广。为使棉田立体种植能稳定健康发展，总结各地的实践经验，提出以下几点发展建议。

一、以棉花为主体

实施棉田高效立体种植，棉花是主体，应主动协调好棉花生长与间套种作物生长的关系，在不影响棉花生长发育的前提下，合理确定套种面积比率、套种模式，加强田间管理，确保棉花丰收，立体种植增效。

二、以市场为导向

棉田立体种植应紧紧围绕市场需求，密切关注市场信息，因地制宜，选择效益高、市场销路好的间套作物。同时，加强套种作物的品牌建设，利用网络销售，充分发挥行业协会、龙头企业、专业合作经济组织等作用，提高规模化、组织化程度。

三、以效益为核心

提高棉田综合效益是实施棉田高效立体种植的宗旨。应统筹兼顾，合理安排茬口，筛选和推广有利于前后茬作物增产、增效的模式，发展适销对路的间套作物品种，促进立体种植效益的提高。

四、以技术为支撑

实施棉田立体种植形式多，技术要求高。应利用多种途径宣传新品种、新技术、新模式，加大对棉农的指导和培训力度，帮助棉农选好套种模式，搞好田间管理，做好产品推介服务。同时，棉田套种发展快，涉及作物多，生育特点不尽相同，应加强套种形式高产栽培技术研究，完善配套和培训指导等措施，促进立体种植栽培上新台阶。

五、以安全为保障

棉田套种以瓜果蔬菜居多，套种突出问题是产品的食用安全问题。由于棉田病虫害较多，传统的剧毒农药防治技术给瓜菜安全生产造成很大的威胁。因此，实施立体种植的棉田应选用抗性强的品种，推广应用高效低毒残留少、污染低的农药种类，减少用药次数，错开易污染、易残留周期，严格执行安全期内不用药，让城乡居民吃上"放心农产品"。

第四节　棉田高效立体种植发展趋势

棉田立体种植制度的形成，从本质上讲是充分利用光、热资源，提高种植效益。因此，今后的发展趋势是向新的更高层次发展。

一、进一步提高棉田经济效益

这就要求棉田间套种的作物选择上要有特色，要注意色、味、营养及再加工后产品的效益等方面，特别是反季节瓜、菜、果的生产，对提高经济效益具有更大的作用。

二、做好产品的精深加工

由于农产品的低附加值限制了农产品本身的效益，而通过进一步加工，其效益会大幅度提高。因此，农民通过建立自己的加工企业，获得农产品的再（深）加工利润，这对农民增收更为显著。

三、提高机械化水平，提升劳动生产率

推广利用农业机械，强化农机农艺有机融合，实现棉田生产管理机械化，不仅有利于减轻农民劳动强度，节省生产用工，提高劳动日价，而且对稳定中国棉花可持续发展具有十分重要的作用。

四、走生态型种植之路，建立持久农业制度

现行的棉田立体种植制度虽然提高了经济效益，但化肥、农药的大量投入，对生产环境造成很大的影响，不利于农业的持续发展，因此，必须从宏观上建立有利于节约能源，高效利用农药、化肥的技术标准体系，并加速在生产上推广应用是推动我国农业持久型发展的基础。

五、立足"三化"，推动立体种植发展

1. 品种市场化

选用品种应以适应多熟制和市场要求为依据，选择产量高、品质好、成

熟早、适应间套种、抗病抗逆性强的品种。棉花等大宗作物的种子生产要建立良繁体系，实现专业化、规范化，育繁推一条龙、产供销一体化；蔬菜等小宗作物按区划建立特约繁育基地，实现合同生产、检验调运、专仓贮藏、定点销售。种子供应应由市、县、乡联合统一供种，坚持合理分工，各负其责，有序管理，依法经营，良种良法配套。

2. 栽培技术规范化

根据多熟制栽培的特点，在基本策略上主要抓以下几点。一是明确栽培目标。根据全年粮棉油的生产任务，制定多熟制规划，确定种植模式、技术要求、产量品质、经济效益等指标。二是调整茬口布局。根据种植模式确定种植组合，调整前后茬布局，根据作物类型、组合，调整株行距配置。三是合理搭配品种。不同多熟制种植模式、组合应用不同的作物种类，不同的间作套种方式应用不同的品种，通过合理的作物品种布局，提高各种种植方式对空间、季节、土地、光能资源等的利用率，缩短共生期，减少互相影响，增加单位面积生物学产量和经济学产量。四是推广育苗移栽。多熟制的棉花、油菜及前后期的瓜果蔬菜已基本实现了育苗移栽。间套种的其他作物如中药材、粮食作物等也示范了育苗移栽。这不仅缓解了作物间共生影响，更重要的是充分利用了温、光等自然资源，发挥超季节、反季节栽培优势，极大地提高了产量、品质、效益。五是配套管理技术。其配套要求不仅在于单一作物，而且要提高多熟制的整体产量和品质，重点在密、肥、调技术和作物间互相促进技术上配套完善。

3. 投入产出效益化

合理增加投入是提高产出效益的前提。多熟制增加的投入在于：一是信息投入。建立农业市场信息网络，购买生产技术资料；二是良种投入。选购适销对路、高产优质的种子；三是物化投入。增加棚架、农膜、肥料、激素、农药等生产资料；四是活化投入。增加必要的管理工具，提高管理技术水平；五是加工投入。建立加工贮藏基地，提高加工贮藏适应市场的能力，增加产后增值效益。

　　调查表明，棉田多熟制，以大面积大宗作物为主体的方式，每公顷年投入 3000~4500 元（1990 年不变价，不计投工，下同），年产值为 10500~15000 元，纯收入一般 7500~10500 元；夹套一般经济作物，每公顷年投入 6000~9000 元，产值为 22500 元左右，纯收入 15000 元左右；夹套特种经济作物或采用日光能加保护措施间套蔬菜等作物，每公顷年投入 15000 元左右，产值为 45000 元左右，纯收入 30000 元左右。不同投入产投比差距较小，一般在 3：1 左右。但随着投入人数的增加，产值和纯收益的增加更多，二者呈极显著正相关。如果按现行价计算，产值、纯收益都比不变价计算增加近一倍，产投比亦大幅度提高，可达 5：1~6：1。

第七章
棉田高效立体种植案例

/吴若云　丁立君　缪立群　任家贵

第一节　外省棉田高效立体种植案例

一、棉花-香芋间套种模式

香芋，为多年生草本植物，在江苏启东、海门一带有栽培，香芋一生基本上没有什么病虫害，因此，一般情况不使用农药，属于天然无公害食品，深受大中城市居民的青睐，市场前景广阔。棉花间作香芋，高矮搭配，优势互补，改善了田间小气候，提高了棉花抗御台风等自然灾害的能力，有利于棉花、香芋双高产。

1. 种植规格

棉花间作香芋每组合1.5米，香芋于2月中下旬播种，香芋播幅0.7米，播种2行，株距15厘米。空幅0.8米用于移栽棉花，棉花于4月初育苗，5月10日左右移栽于香芋行间的空幅内，株距30厘米，密度2.25万株/公顷左右。

2. 产量与效益

香芋一般每公顷产量3750千克，市场售价8元/千克，每公顷产值为3万元。棉花每公顷籽棉产量3750千克，市场售价5元/千克，产值为1.875

万元/公顷；全年产值为 7.875 万元/公顷，效益为 6.375 万元/公顷。

3.品种选择

香芋品种选择"粗库香芋"和"细皮香芋"两个品种；棉花品种选择高品质棉"科棉 3 号"等。

二、棉花-大蒜间套种模式

山东金乡、江苏邳州、河南商丘多采用这种模式，面积达 6 万公顷以上。这些地方的大蒜占到国内市场的五成以上，且大蒜以其品质优、商品性佳、营养丰富而享誉国内市场。近年来，充分利用自然、品种及技术优势，积极发展棉花－大蒜套种，收到良好效益。

1.种植规格

大蒜一般于 9 月底至 10 月上旬播种，播后喷大蒜专用除草剂，后及时覆膜。行距 0.2 米，株距 0.12 米，密度为 42 万株/公顷；棉花于 3 月底 4 月初抢晴天播种，5 月 10 日前后移栽，把预置棉行的蒜行向两侧挤边移栽。行距 1.1 米，株距 0.33 米，密度为 2.7 万株/公顷。

2.产量与效益

大蒜每公顷产量为 1.95 万千克，价格为 3.0 元/千克，总产值为 5.85 万元/公顷，效益为 4.5 万元/公顷；棉花每公顷产量为 3750 千克，产值为 2.25 万元/公顷，效益为 1.29 万元/公顷，蒜棉套作效益为 5.79 万元/公顷。

3.品种选择

大蒜品种选用抗病品种如"邳州白蒜 1 号"，棉花品种选用高品质棉如"科棉 3 号"等。

三、棉花-洋葱间套种模式

洋葱，俗称葱头。在欧洲被誉为"菜中皇后"，其营养成分丰富，市场效益高。

1. 种植规格

茬口组合为 1.33 米，4 米为一畦。洋葱于上年 9 月底育苗，11 月底覆盖地膜移栽，按 15 厘米 ×15 厘米，栽于空幅中间。畦中间、畦边 3 行于 5 月 10 日按 2.7 万株/公顷移栽棉花。

2. 成本与效益

每公顷实收洋葱 71550 千克，产值为 5.01 万元/公顷，葱叶 1136 千克，产值为 0.51 万元/公顷，净效益为 3.6 万元/公顷；棉花实收皮棉 1215 千克/公顷，产值为 1.83 万元/公顷，净效益为 1.58 万元/公顷。二茬合计产值为 7.35 万元/公顷，净效益为 5.18 万元/公顷。

3. 品种选择

洋葱选用抗病、高产、脱毒的红皮洋葱；棉花品种选用优质、抗病、抗虫、高产的"科棉 3 号"等。

四、棉花–西瓜间套种模式

江苏东台市常年棉花种植面积在 5 万公顷左右，西瓜种植面积达 2.5 万公顷。近年来，东台市通过推广拱棚西瓜套种棉花技术，较好地解决了西瓜露地直播，易受病虫害及连阴雨等天气灾害，产量效益低；而种植大棚西瓜成本高，又减少棉花面积，不能满足纺织工业要求的矛盾，取得了很好的社会与经济效益。

1. 种植规格

西瓜在 2 月中下旬育苗，于 3 月底 4 月初进行定植，株距 40 厘米左右，在其上搭 1.5 米宽、0.7 米高的棚架并覆盖薄膜。棉花播种期在 3 月底 4 月初西瓜行两边各 0.5 米处点播或移栽 2 行棉花，株距 30 厘米。

2. 产量与效益

根据该市近几年调查，西瓜平均单产 4125 千克/公顷，产值为 2.475 万元/公顷；棉花平均单产皮棉 1650 千克/公顷，产值为 2.19 万元/公顷，秋冬蔬菜平均产值为 0.525 万元/公顷，合计产值为 5.19 万元/公顷，效益为

4.47 万元/公顷。

3. 品种选择

西瓜可选用京欣、8424 等大果型优质品种。棉花选用生长势较强的抗虫杂交棉"科棉 3 号"等。

第二节　湖南棉田高效间套作典型案例

一、棉花-西瓜＋荷兰豆套种模式

衡阳、衡南、攸县近年来采用棉花 – 西瓜 + 荷兰豆套种模式的面积最大，效益显著。

1. 品种选择

棉花品种宜用前期抗虫、抗病、后期结铃性强的中熟品种，如岱杂一号、农杂 62、湘杂棉系列、鄂杂棉系列等品种；西瓜品种选用中熟偏早品种，株距 0.6 米，每亩 500 株。中熟嫁接西瓜株距 0.8 米，每亩 200~250 株，棉花行距 0.9 米，株距 0.5 米，每亩 1500 株（图 7-1）。西瓜品种宜选用中熟偏早，如无籽瓜有雪峰蜜红无籽（虎皮，果肉鲜红，单果重 5~6 千克，抗病耐湿，全生育期 92 天）。雪峰蜜黄无籽（虎皮，果肉金黄色，单果重 5~6 千克，抗病耐湿，全生育期 92 天）、雪峰花皮无籽（虎皮，果肉鲜红，单果重 10 千克，抗病耐湿，全生育期 95 天）。雪峰无籽 304（黑色暗条纹，果肉鲜红，单果重 7.5 千克，抗病耐湿，全生育期 95 天）；有籽瓜有大果蜜桂（果皮黑绿色，果肉鲜红，单果重 8 千克，抗病耐湿，全生育期 95 天）、红都（黑色暗条纹，果肉浓桃红色，单果重 7~10 千克，抗病耐湿，全生育期 80 天）、黑美人（果皮黑绿色，果肉大红，单果重 2~4 千克，皮厚，耐贮运，抗病耐湿，早熟，全生育期 85 天）。荷兰豆品种以生育期中熟偏早，荚豆两用，第二年 4 月中旬能上市的品种。

2. 适时播种

西瓜 3 月中旬育苗，4 月上旬移栽；棉花 5 月上旬直播；荷兰豆 10 月下旬直播（图 7-2）。

3. 科学施肥

根据瓜、棉、荷兰豆不同生育期的需肥要求，科学安排用肥。

（1）深施基肥。不论西瓜还是棉花，基肥以土杂肥或有机复合肥（西瓜用含硫复合肥、棉花可用含氯复合肥）为主，每亩用量：菜枯 75 千克（其中西瓜基肥 50 千克、棉花基肥 25 千克）或复合肥 30 千克，西瓜苗移栽时穴施，棉花开穴播种施肥时进行。不论是西瓜还是棉花，严禁前期大量使用速效氮肥，否则，导致西瓜前期徒长影响坐瓜和棉花旺长影响坐桃。

（2）棉花蕾肥。棉花开花后对肥料的需求量逐渐增大，在棉田见花后，亩施尿素 10 千克和钾肥 5 千克混合在中雨天撒施，也可选用木棍捣眼，或开穴深施在相邻棉株之间。弥补因西瓜膨大造成的土壤肥力不足，造成棉花早衰减产。

（3）西瓜膨瓜肥。西瓜坐瓜到成熟前，是需肥高峰期，占总量的 70% 以上。在西瓜坐瓜后鸭蛋大小时，及时追施尿素 10~15 千克，有利西瓜膨大及产量的提高，施肥办法采用穴追。

（4）棉花花铃肥：7 月上中旬西瓜收获结束后，结合机械灭茬培土，亩追尿素 10~20 千克、钾肥 10 千克，促进棉花生长发育，搭好丰产架。增强中后期结铃性。施肥办法：趁雨撒施，开沟条施，结合灌溉追施均可。进入 8 月初如果棉花出现早衰现象及时补追盖顶肥，一般亩施尿素 10~20 千克。

（5）水分管理。瓜、棉、荷兰豆都怕积水和长期干旱，既要清沟排积，做到雨住田干，又确保棉田早晚湿润。

4. 注意事项

（1）关注天气预报，中雨前 3~5 天安排棉花种子直播，喷药避开强降温、大风、降雨等天气，施药后 12 小时遇雨后应补喷。

（2）西瓜膨大期和荷兰豆结果期禁用中高毒和高残留农药，确保食品安全。

图 7-1　棉花套作西瓜

图 7-2　棉花套作西瓜＋荷兰豆

二、棉花-萝卜套种模式

棉花产业由于生产周期长、用工多、籽棉价格低等原因，植棉效益一直较低。澧县农业局经作站连续 4 年在小渡口镇添围村（原王家村）进行棉花套种萝卜技术的摸索，取得较好的经济效益。与传统种棉模式相比，不仅棉花生产每公顷能省工 75 个以上，还能增加较好的收入，棉田也得到了休养。

1. 种植规格

棉花根据田块具体情况在 5 月直播，头田可在 5 月初播种，季田在作物收获除草后播种，密度：月初播种控制在 3 万 ~3.3 万株/公顷，随播种时间的后移，密度也逐步加大到 4.5 万株/公顷。采用宽行窄株，行距控制在 0.8~0.9 米为宜。萝卜在 10 月初撒播，用种量每公顷 15 千克，播种时，将棉株适当向垄沟推靠，便于操作即可，来年 1 月即可收获，其余时间可进行田土休养。

2. 产量与效益

棉花每公顷产量为 3750 千克，按 6.6 元/千克计算，产值为 2.475 万元/公顷，扣除物化成本 6000 元，每公顷收入 1.875 万元；萝卜每公顷产量为 30000 千克，价格为 1.0 元/千克，产值为 3.0 万元/公顷，扣除物化成本 1200 元，每公顷收入 2.88 万元。棉花－萝卜套种总收入每公顷达到 4.755 万元。

3. 品种选择

选择棉花品种，要求早熟、抗病、长势不旺、结铃性中等偏上、成铃吐絮集中、株型紧凑、好捡花，如湘农大棉 1 号、中棉 75 等。萝卜品种可选择秋冬萝卜和四季萝卜两种类型。

三、棉花－凤尾菜套种模式

1. 种植规格

棉花根据田块具体情况在 5 月直播，头田可在 5 月初播种，季田在作物收获除草后播种，密度：月初播种控制在 3 万～3.3 万株/公顷，随播种时间的后移，密度也逐步加大到 4.5 万株/公顷。采用宽行窄株，行距控制在 0.8～0.9 米为宜。凤尾菜在 8 月底至 9 月初播种育苗，10 月初移栽，密度 7.5 万～10.5 万蔸/公顷；或 10 月初点播，每公顷用 2250 千克草木灰与 0.75 千克种子混匀后点播，播种或移栽时，将棉株适当向垄沟推靠，便于操作即可，来年 2～3 月即可收获，其余时间可进行田土休养。

2. 产量与效益

棉花每公顷产量为 3750 千克，按 6.6 元/千克计算，产值为 2.475 万元/公顷，扣除物化成本 6000 元，每公顷收入 1.875 万元；凤尾菜每公顷产量为 82500 千克，价格为 0.3 元/千克，产值为 2.475 万元/公顷，扣除物化成本 3750 元，每公顷收入 2.1 万元。棉花－凤尾菜套种总收入每公顷达到 3.975 万元。

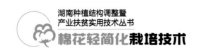
3. 品种选择

选择棉花品种，要求早熟、抗病、长势不旺、结铃性中等偏上、成铃吐絮集中、株型紧凑、好捡花，如湘农大棉 1 号、中棉 75 等。凤尾菜又名雪里蕻，适应性广，品种选择可不做具体要求。

四、棉花-马铃薯连种模式

马铃薯作为我国第四大主粮，前景非常广阔，与棉花连作，生产季节互不搭界，农事好操作。

1. 品种选择

选择棉花品种，要求早熟、抗病、长势不旺、结铃性中等偏上、成铃吐絮集中、株型紧凑、好捡花，如湘农大棉 1 号、中棉 75 等。马铃薯品种选择特早或早熟品种，如中暑 3 号等。

2. 种植规格

建议棉花在 5 月直播，头田可在 5 月初播种，季田在作物收获除草后播种，密度：月初播种控制在 3 万 ~3.3 万株/公顷，随播种时间的后移，密度也逐步加大到 4.5 万株/公顷。采用宽行窄株，行距控制在 0.8~0.9 米为宜。马铃薯种脱毒后可在室内催芽，12 月初拖沟放种块，用土或稻草覆盖，在垄中间拖沟埋施 45% 复合肥，黑色农膜覆盖，每公顷用种量 3000 千克，45% 复合肥 750 千克。

3. 产量与效益

棉花每公顷产量为 3750 千克，按 6.6 元/千克计算，产值为 2.475 万元/公顷，扣除物化成本 6000 元，每公顷收入 1.875 万元；马铃薯每公顷产量 30000 千克，价格为 1.5 元/千克，产值为 4.5 万元/公顷，扣除物化成本 9000 元，每公顷收入 3.6 万元。棉花 - 凤尾菜套种总收入每公顷达到 5.475 万元。

五、棉花−甜瓜间作模式

1. 品种选择

甜瓜品种选用早熟抗病性强的南密 1 号，棉花选用中棉所、湘杂棉系列的 F1 代。

2. 种植规格

甜瓜于 2 月底至 3 月上旬在大棚育苗，4 月上中旬苗龄 30 天左右三叶一心时移栽，移栽前做好大田除草灭前茬工作，并亩施 45% 复合肥 35 千克。移栽标准：棉垄宽 2 米（包沟）垄面中央铺 1 米宽的地膜，然后在地膜中央打洞栽苗，株距 70 厘米，每亩栽 550 株。棉花于 5 月上中旬打洞移栽。移栽标准：行距 1 米，株距 45 厘米，紧挨地膜边缘打洞，每亩栽 1500 株左右。

3. 产量与效益

甜瓜每亩产量为 1700 千克，价格为 1.6 元 / 千克，产值为 2720 元 / 亩。棉花每亩产籽棉 280 千克，产值约为 1500 元 / 亩，棉花 − 甜瓜间作效益为 4210 元 / 亩。

六、棉花−辣椒间作模式

1. 品种选择

辣椒品种选用特早熟抗病性强的湘研 1 号，棉花选用中棉所、湘杂棉系列的 F1 代。

2. 种植规格

辣椒于 10 月中旬在大棚育苗，辣椒苗 5~6 叶时假植于大棚内的营养钵中，并套盖小拱棚，保温防冻，培育壮苗越冬，开春后注意做好出棚前的炼苗工作。3 月下旬 ~4 月上旬抢晴天定植于覆膜的棉垄中，在棉垄中栽植 2 株，行距 0.5 米，株距 0.3 米，每亩种植 3500~4000 株。棉花于 5 月上中旬打洞移栽。移栽标准：行距 1 米，株距 45 厘米，紧挨地膜边缘打洞，每亩栽 1500 株左右。

3. 产量与效益

辣椒每亩产量为 1600 千克，价格为 1.6 元/千克，产值为 2560 元/亩。棉花每亩产籽棉 300 千克，产值约为 1680 元/亩，棉花－辣椒间作效益为 4240 元/亩。

七、棉花－榨菜间套作模式

利用短季棉品种进行轻简化直播栽培，再在棉花吐絮后期套种榨菜，榨菜种植实现工厂统一育苗，统一技术管理，实现订单化生产与收购。既解决了集中用工的矛盾，提高了经济效益，又保证了农民的利益。这种模式华容、君山面积达 1 万公顷，成为稳定棉花生产、提高棉田综合效益、增加棉农收入的关键技术模式。

1. 品种选择

榨菜品种选择"甬榨 2 号"和"甬榨 5 号"，棉花品种选择中 915。

2. 种植规格

榨菜一般播种期为 8 月下旬至 9 月上旬，每公顷栽 150000~180000 株，株行距 20 厘米×20 厘米。2~3 月采收，过早则产量低，过迟易空心。棉花 5 月中上旬播种，每穴播种 2~3 粒，直播行距 76 厘米，株距 22 厘米，点播密度为 60000 穴/公顷。

3. 产量与效益

榨菜每公顷产量为 5.25 万千克，价格为 0.8 元/千克，总产值为 4.2 万元/公顷，效益为 3.3 万元/公顷。棉花每公顷籽棉产量为 37500 千克，价格为 0.6 元/千克，总产值为 2.25 万元/公顷，效益为 1.35 万元/公顷，棉花－榨菜套作效益为 4.65 万元/公顷。

第八章
棉花主要病虫害防治技术

/熊格生　吴若云　吴碧波　熊纯生

第一节　前期病害发生特点及防治技术

一、棉花炭疽病

症状：苗期遇低温阴雨时多发，当棉籽和幼芽受害时，表现为变褐腐烂；当棉苗受害，表现为幼茎基部初呈红褐色斑，渐呈红褐色凹陷的梭形病斑，病重时斑包围茎基部或根部，呈黑褐色湿腐状，棉苗枯萎而死。子叶受害时，叶缘产生褐色半圆形病斑，病斑边缘紫红色。

防治方法：棉苗根病初发时，及时用40%多菌灵胶悬剂、65%代森锌可湿性粉剂或50%退菌特可湿性粉剂500~800倍液，25%多菌灵或30%稻脚青可湿性粉剂500~800倍液，25%多菌灵或30%稻脚青可湿性粉剂500倍液，70%托布津或15%三唑酮可湿性粉剂800~1000倍液喷洒，隔1周喷1次，共喷2~3次。

二、棉花立枯病

病状：苗期遇低温阴雨时多发，当棉籽和幼芽受害时，表现为烂籽和烂芽；幼苗茎基部受害，呈现黄褐色。水渍状病斑，并渐扩展围绕嫩茎，病部缢缩变细，黑褐色、湿腐状，病苗倒伏枯死。子叶受害，多在中部发生不规则形黄褐色病斑，易破裂脱落成穿孔。

防治方法：棉苗根病初发时，及时用 40% 多菌灵胶悬剂、65% 代森锌可湿性粉剂或 50% 退菌特可湿性粉剂 500~800 倍液，25% 多菌灵或 30% 稻脚青可湿性粉剂 500~800 倍液，25% 多菌灵或 30% 稻脚青可湿性粉剂 500 倍液，70% 托布津或 15% 三唑酮可湿性粉剂 800~1000 倍液喷洒，隔 1 周喷 1 次，共喷 2~3 次。

三、棉花猝倒病

症状：苗期遇低温阴雨时多发，主要由瓜果腐霉菌引起，除侵染棉花外，还能为害多种植物，如瓜类、茄子、豆类等。受害幼茎出土后，接近地面部分出现湿润状，并逐渐扩展变黄腐烂，似水烫状并软化迅速，软烂倒伏。此病菌以土壤为传染途径，病菌以孢子形态在土壤中越冬，在棉苗发芽后，孢子萌芽侵染棉苗。先从幼嫩细根侵染，危害幼苗。侵染种子及露白的芽，可造成出土和发育不良。幼茎基部近地部分出现水浸状，严重时呈水肿状，并扩展变黄腐烂，呈水烫状而软化，迅速腐烂而倒伏。地下部细根变为黄褐色，吸水不良，导致幼苗死亡。子叶褪色，呈水浸状软化，高温条件下，出现白色絮状菌丝。属基质或土壤传播病害，含水量高的涝洼地及多雨地区或用河水浇灌育苗时，利于发病及传播。此外，高氮气可加重病害。

防治方法：棉苗根病初发时，及时用 40% 多菌灵胶悬剂、65% 代森锌可湿性粉剂或 50% 退菌特可湿性粉剂 500~800 倍液，25% 多菌灵或 30% 稻脚青可湿性粉剂 500~800 倍液，25% 多菌灵或 30% 稻脚青可湿性粉剂 500 倍液，70% 托布津或 15% 三唑酮可湿性粉剂 800~1000 倍液喷洒，隔 1 周喷 1 次，共喷 2~3 次。氮肥可抑制病菌，减轻猝倒。高剂量钙也可抑制猝倒病，减少孢子移动。

四、棉花轮纹斑病

症状：亦称黑斑病，病菌以分生孢子在组织里越冬，棉籽也能带菌越冬，翌年首先侵害子叶，产生分生孢子进行再侵染，一般多从棉苗伤口侵入。此病一般在温暖潮湿环境中发生，尤其在棉花出现 2~3 片真叶时，遇到寒流阴雨天气容易大发生，苗床湿度大、温度高，通风炼苗不及时，均易导致棉苗发病。受侵染后，子叶和叶片均可受害，初期呈浅黄色油渍状，背面凹陷呈现小圆斑点，病斑边缘紫红色，初为 2~3 厘米，后逐渐扩展到 10~15 厘米，近圆形，褐色，病面均有同心轮纹，严重时子叶脱落，棉苗顶尖或全株变黑枯死。

防治方法：选用无病种子，用 50% 多菌灵可湿性粉剂按种子重量的 0.5% 拌种进行种子消毒。对于已发病田块，可用 65% 代森锌可湿性粉剂 600~800 倍液或 70% 百菌清可湿性粉剂 500 倍液喷施，隔 1 周喷 1 次，连喷 2~3 次。在栽培管理上，适时播种、早中耕、勤松土，以提高土温，促进棉苗健壮生长。生长期间及时开沟排水，做到沟沟相通，雨停水干，降低地下水位和田间湿度，合理施肥，增施磷、钾肥，促进棉株生长健壮，提高植株抗病性。

五、棉花角斑病

症状：整个生育期都能遭其危害。子叶发病，背面出现水浸状透明圆形病斑，后扩大变成黑色，并能扩展到幼茎上，使幼苗折断死亡。真叶发病，病斑为灰绿色水浸状，后变成深褐色，因周围受叶脉限制，故病斑呈多角形。有时病斑沿叶脉扩展，在叶脉周围形成褐色条斑，病叶皱缩扭曲。苗期土壤含水量多时易发病。

防治方法：在发病初期，喷洒 1:（120~220）波尔多液、25% 叶枯唑可湿性粉剂，或用 65% 代森锌可湿性粉剂 400~500 倍液。

六、棉花红腐病

症状：幼芽发病变成红褐色，可烂在土中。出土幼苗受害，幼茎基部和

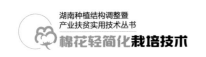

幼根肥肿变粗，最初根尖呈黄褐色，后产生短条棕褐色病斑，逐渐蔓延到全根，并可发展到幼茎地面部分，重病苗枯死。病斑不凹陷，土面以下受害的嫩茎和幼根变粗是该病的重要特征。子叶发病，多在边缘生灰红色病斑，病斑常破裂，潮湿时产生红粉，即病菌孢子。

防治方法：在苗期阴雨连绵，棉苗根病初发时，及时用 40% 多菌灵胶悬剂、65% 代森锌可湿性粉剂或 50% 退菌特可湿性粉剂 500~800 倍液，25% 多菌灵或 30% 稻脚青可湿性粉剂 500~800 倍液，25% 多菌灵或 30% 稻脚青可湿性粉剂 500 倍液，70% 托布津或 15% 三唑酮可湿性粉剂 800~1000 倍液喷洒，隔 1 周喷 1 次，共喷 2~3 次。

第二节　中后期病害发生特点及防治技术

一、棉花枯萎病

症状：随生育期或栽培气候条件不同，常有以下 6 种症状类型：

1. 黄色网纹型

病苗从叶缘或叶尖开始，叶脉褪绿变成黄白色，而叶肉仍保持绿色，呈现黄色网纹状斑块，可扩大到整个叶片，最后干枯脱落，棉苗死亡。

2. 紫红型

病苗子叶或真叶部分或全部变成紫红色，叶脉多呈现紫红色，随着病情发展，叶片枯萎脱落，棉苗死亡。

3. 黄化型

病苗从子叶或真叶边缘开始局部或全部变黄，最后叶片萎蔫，干枯脱落。

4. 青枯型

叶片突然失水、变软下垂，叶色稍显深绿，后病株枯死，但叶片不脱落。

5. 矮缩型

棉株现蕾前后，顶部叶片发生皱缩、畸形，叶片暗绿变厚，棉株节间缩短，病株比健株明显变矮，但不枯死。

6. 萎蔫型

株型无明显变化，但叶片迅速失水，萎蔫下垂，有的叶片逐渐脱落，形成光秆。不论是哪种症状类型的病株，剖开其根、茎或叶柄后，木质部导管变褐色，是其共同特征。

防治方法：采用抗病品种；加大磷、钾肥作底肥的比例，氮肥施用期适当前移，以提高苗期壮苗程度。

二、棉花黄萎病

症状：棉花现蕾和结铃盛期出现症状，棉株中下部叶片的叶缘和叶脉间产生淡黄色、不规则斑块，后变褐色呈掌状斑驳，叶片边缘稍向上卷曲，严重时全株枯死，但叶片一般不脱落。结铃盛期大雨过后，常表现出急性萎蔫，叶片主脉间产生水浸状、淡绿色斑块，很快萎蔫下垂。

棉花枯萎病和黄萎病，可在同一田块混合发生，二者的区别如下：一是枯萎病在苗期可严重发生，蕾期是发病盛期，而黄萎病在蕾期才开始发生；枯萎病常自顶端向下发展，而黄萎病则是从下部先发病，再向上扩展；三是枯萎病可表现矮缩，叶片变小变厚、皱缩，黄萎病则无此变化；四是枯萎病叶脉可呈现网纹状，黄萎病叶脉绿色，主脉间叶肉变成块状黄斑；五是枯萎病早期便可落叶形成光秆，而黄萎病多在后期发生，落叶少；六是病株的根、茎和叶柄剖开后，枯萎病株的导管为深褐色，黄萎病株的导管为浅褐色。

田间还经常见到枯萎病和黄萎病发生在同一植株上，或以枯萎病为主，兼生黄萎病，或以黄萎病为主，兼生枯萎病，均称为同株混生型。以枯萎病为主的混生型病株，主茎及果枝节间缩短，株型常丛生矮化，病株大部分叶片皱缩变小，叶色加深或呈现典型的黄色网纹（枯萎）症状；同时，在植株中、下部叶片呈现掌状的黄色斑驳及枯死斑的典型黄萎病症状,剖视维管束、导管明显地变为褐色或黑褐色。以黄萎病为主的混生型病株,大部分叶片呈现块状斑驳或掌状枯死斑的典型黄萎病症状,但顶端叶片皱缩,叶色加深,个别叶片有时也呈现黄色网纹的典型枯萎症状,导管变为淡褐色或褐色。

防治方法:棉花一旦发生枯萎病、黄萎病很难防治。因此,要多从预防入手,首先一定要选用抗病品种;其次要加大磷、钾肥作底肥的比例,氮肥施用期适当前移,以提高苗期壮苗程度;再次要合理密植,适当降低密度,采取宽行稀植,有利于降低发病指数;最后可采取与小麦、玉米等作物3~4年轮作或稻棉轮作。

三、棉基枯病

症状:子叶和真叶发病,初为黄褐色小圆斑,边缘紫红色,后扩大成近圆形或不规则形的褐色斑,其表面散生许多小黑点(病原菌)。茎部及叶柄受害,初为红褐色小点,后扩展成暗褐色梭形溃疡斑,中央凹陷,周围紫红色。病情严重时,茎枝枯死。

防治方法:多从预防入手,首先一定要采用抗病品种;二要合理密植,适当降低密度,采取宽行稀植,有利于降低发病指数;三可采取与小麦、玉米等作物3~4年轮作或稻棉轮作;四可用65%代森锌800倍液,或用70%甲基托布津1000倍液或50%多菌灵药1000倍液喷雾防治。

四、棉叶斑病

症状:主要为害叶片,初在叶片上产生暗红色斑点,逐渐扩大为圆形至不规则形病斑,病斑边缘紫红色,略隆起,中央灰褐色,潮湿时病斑上有白色霉状物(病菌分生孢子)。

防治方法:首先要合理密植,适当降低密度,采取宽行稀植,有利于降低发病指数;其次可采用70%甲基托布津800倍液或50%多菌灵800倍液喷雾防治。

五、棉花根结线虫病

症状：受侵染植株，可看到主根及侧根上有不规则的膨大瘤状物，即根结。随着侵染加重，根结增多膨大，可造成根部维管束运输中断，地上部可表现矮化，叶片变黄，乃至萎蔫，严重者棉株死亡。

防治方法：为土传病害，与小麦、大豆、花生或水稻等作物轮作是较为有效的方法。

第三节　棉花虫害发生特点及防治技术

棉花生育期比较长，且具有无限生长的习性。在棉花漫长的生育期，常会遭受到多种病虫害的为害。在当前的生产条件下，一般年份棉花病虫为害可造成经济损失 5%~15%，如果不进行防治，则可造成 30%~50% 损失，少数病虫在特殊年份可造成棉花 80% 以上的经济损失。自从农药发明之后，农药在农作物病虫害的防治上发挥了重要作用，有效地控制了病虫害的为害，增加了农作物产量。但由于农药长期大量使用，极大地破坏了生态平衡，导致了环境污染，造成了病虫害的再猖獗，增加了防治的难度。因此，对农作物病虫害的防治，特别是对病虫害发生严重、农药使用量大的棉花病虫害的防治，必须走综合治理的道路。就无土移栽棉花看，在采取基因抗虫棉的条件下，近年来主要虫害以棉红蜘蛛、棉蚜、棉盲蝽、棉蓟马、棉飞虱等为主。

一、棉红蜘蛛

棉红蜘蛛又称棉叶螨、火龙，主要为害棉花、玉米等。多在空气湿度较低，土壤干旱时发生，发生后遇温度 24℃~28℃、相对湿度 75% 时会加速其繁殖。全国各棉区均有发生，在黄河流域棉区以朱砂叶螨为主，并与截形叶螨混合发生。棉叶螨的成螨和若螨聚集在叶片背面刺吸汁液。朱砂叶螨为害后，叶片出现小红点，为害严重时，红叶面积扩大，棉叶和蕾铃大量焦枯脱落，状如火烧。截形叶螨为害后，叶片生黄白点，后呈枯黄斑块而脱落。

防治方法：苗期有螨株 15% 以上，蕾花期 20% 以上，防治上可选用专用杀螨剂，如生物农药 10% 浏阳霉素 1500 倍液、73% 克螨特 2000 倍液等防治，亦可使用 2% 阿维菌素（又称阿灭丁）乳油 4000 倍液 +1% 甲维盐 1000 倍液喷雾防治。

二、棉盲蝽

为害趋重发生，主要有绿盲蝽（俗称花叶虫、小臭虫）、中黑盲蝽、苜蓿盲蝽、三点盲蝽。盲蝽类多为多寄主害虫，除为害棉花外，还为害苜蓿、豆类、十字花科蔬菜、马铃薯、小麦、田菁、胡萝卜和果树等植物，植物叶片受害后发生破叶现象，全国绝大部分棉区均有发生，以黄河流域棉区发生量大、为害重。7 月第三代若虫已进入孵化期，从此以后出现世代重叠，逐渐无明显代数界限。棉盲蝽生长的最适温度为 25℃，相对湿度在 70% 以上，棉田郁闭，可加重发生。

防治方法：应及时检查主茎顶尖和果枝顶尖，当田间新被害株率在 5%~10%，百株有虫 5 头以上，应及时防治，可喷施氟虫腈、毒死蜱等农药。一般每 5 天防治一次，直至 9 月下旬。根据棉盲蝽昼伏夜出、夜间为害的特点，应注意用药时间，一般在下午 5 时后喷药防治。不过要彻底消灭棉盲蝽还要贯彻统防统治原则。一是要进行联户统一防治，防止转移为害；二是及时清除田间及周边杂草，消灭寄主。防治方法如下。

（1）农业防治：棉田冬前深耕冬灌，清除田间及周围杂草，减少越冬虫源。

（2）化学防治：2.5% 溴氰菊酯、2.5% 高效氯氟氰乳油 1500 倍液、10% 吡虫啉可湿性粉剂 3000 倍液、2% 阿维菌素（又称阿灭丁）乳油 4000 倍液 +1% 甲维盐 1000 倍液，交替均匀喷雾。

三、棉蚜

棉蚜俗称腻虫、蜜虫，全国各棉区均有发生，黄河流域棉区、辽河流域棉区和西北内陆棉区发生早、为害重。苗期受害，叶片卷缩，推迟开花结铃。成株期受害后，上部叶片卷缩，中部叶片呈现油光，下部叶片枯黄脱落。蕾铃受害，引起蕾铃脱落。

防治方法：现蕾前，当为害叶率达 5% 以上或益蚜比（益虫和蚜虫的比例）1∶100 以下时，可采用 5% 来福灵乳油 2000 倍液、2.5% 溴氰菊酯或 10% 氯氰菊酯乳油 3000 倍液、2.5% 高效氯氟氰菊酯乳油 1500 倍液，或用 10% 吡虫啉可湿性粉剂 3000 倍液等进行化学防治，低于上述防治标准时，可不进行防治，以达到保护天敌的目的。

四、棉蓟马

棉蓟马，又称烟蓟马、葱蓟马，全国各棉区均有发生，可为害棉花、烟草、葱类、瓜类、十字花科蔬菜等多种作物。棉苗子叶受害后，叶片变厚，叶背密布银灰色小斑点，生长点被锉吸后，形成只有两片肥大子叶的"公棉花"。真叶长出后生长点被害，枝叶丛生，形成多头棉，结铃显著减少。

主要化学防治方法：可用 10% 吡虫啉可湿性粉剂 3000 倍液、2.5% 高效氟氰菊酯乳油 1500 倍液、2% 阿维菌素（又称阿灭丁）乳油 4000 倍液 +1% 甲维盐 1000 倍液等交替均匀喷雾。

五、棉粉虱

棉粉虱又称烟粉虱、小白蛾子，黄河流域和长江流域棉区均有发生。可为害棉花、豌豆、青椒、番茄、瓜类、十字花科蔬菜和多种花卉植物。棉粉虱成虫和若虫均能为害，以若虫为害更严重，成虫、若虫群集在中、上部叶背吸食汁液，棉叶受害后，出现褪绿斑点或黑红色斑点，棉株生长不良，重者引起蕾铃大量脱落，降低棉花产量和品质。

农业防治方法：棉田冬前深耕冬灌，清除田间及周围杂草，减少越冬虫源。春季清除田边地头杂草，销毁棉粉虱早春存活繁殖的场所。物理防治方法：可利用棉粉虱嗜喜黄色，用黄色粘胶板或黄色塑料膜涂上粘虫剂，挂在棉田地边，可诱集粘连成虫致死。化学防治方法：可用 10% 扑虱灵 800 倍液、10% 吡虫啉可湿性粉剂 3000 倍液、2.5% 高效氯氟氰菊酯乳油 1500 倍液、2% 阿维菌素乳油 4000 倍液 +1% 甲维盐 1000 倍液交替均匀喷雾，每 5 天 1 次，连续施药 2~3 次。

六、棉叶蝉

为害棉花的叶蝉常见的有两种，一是棉叶蝉，俗名棉叶跳虫、棉浮尘子、二点浮尘子，全国各棉区均有发生，以长江流域棉区、黄河流域棉区和西南棉区为害重。能为害棉花、茄子、烟草、番茄、葡萄和花生等 70 余种植物。成虫和若虫都能刺吸叶片汁液，并将自身毒液吐入棉叶内。叶片受害后向下卷缩，由叶边开始变黄红色，直至焦枯褐色，严重时叶片焦枯脱落，果枝短小，花蕾脱落。黄河流域棉区和长江流域棉区每年发生 8~12 代。二是大青叶蝉，大青叶蝉寄主多、食性杂，在黄河流域和长江流域棉区每年发生 2~5 代。

防治方法：化学防治可用 10% 吡虫啉可湿性粉剂 3000 倍液、2.5% 高效氯氟氰菊酯乳油 1500 倍液、2% 阿维菌素（又称阿灭丁）乳油 4000 倍液 +1% 甲维盐 1000 倍液交替均匀喷雾，每 5 天 1 次，连续 2~3 次。农业防治可于棉田冬前深耕灌溉，清除田间及周围地边杂草，减少越冬虫源。

七、地老虎

地老虎又称土蚕，是棉花的首要地下害虫。地老虎有大地老虎、小地老虎和黄地老虎之分；大地老虎幼虫老熟时体长达 50 毫米左右，一年只发生 1 代；小地老虎幼虫老熟时体长 45 毫米左右，一年发生 4~5 代；黄地老虎主要在新疆和黄河流域棉区。地老虎幼虫为害棉苗分三个阶段，一是初生的幼虫，只食棉花麦苗嫩叶的叶肉，留下表皮，或把幼叶吃成残缺状；二是进入 2 龄后，可为害麦苗生长点，受害棉株就会萌发幼芽构成多头棉；三是到了3龄后，幼虫可把棉苗主茎咬断，轻者构成缺苗，重者就会断垄。

防治方法：一要选用转基因抗虫棉；二要挑选硫酸脱绒后包衣的棉种，这两类棉种对地老虎有必定的驱避作用；三可用糖醋液或杨树稚嫩枝叶诱杀成虫；四用药剂喷杀，可选用的农药很多，如20%氯·辛乳油（辛18.5%，氯1.5%）每亩80~120毫升，或90%敌百虫晶体和50%辛硫磷乳油1000倍液，用"灵扫利"20毫升（兑水10~15千克）等。

八、蜗牛

蜗牛俗称狗螺螺，是一种带贝壳的软体动物，分灰巴蜗牛和同型蜗牛。蜗牛对棉花为害主要是用带尖锐小齿的舌头舐食作物。棉花幼小时，能将棉茎磨断，造成缺苗；苗期为害能把大批叶片吃光，现蕾期能把棉叶嫩头咬破。蜗牛在棉田爬过之处，因粪便和分泌黏液引起真菌发生，影响棉苗生长。蜗牛1年发生1~1.5代，有2个产卵高峰，4~5月和9~10月各1次。春季成熟的蜗牛开始产卵，产卵后一部分死亡，一部分取食到6月底。7~8月高温干旱，产卵后蜗牛封口越夏，温度下降后开始取食产卵，气温降到10℃时入土壤越冬。蜗牛怕高温干旱，但在夏季阴雨天气或夜间露水较大时，仍有个体活动。蜗牛多发生在局部棉田。一是上年蜗牛发生较多的连作棉田，二是套种绿肥、蚕豆、油菜的连作棉田。棉田控制指标为每平方米3~5头，或棉苗被害率达5%左右。

防治方法：①人工捕杀。在清晨、傍晚和阴雨天，趁蜗牛在植株上活动时捕捉；放鸭啄食：将捕捉回来的蜗牛喂养鸭子，使之喜食，然后放鸭到田间任其啄食；中耕松土：一般在4~5月结合棉田松土，将产在土内的卵翻到土表，使之接触空气和日晒卵就会自行爆裂死亡。②药剂防治。每亩用茶籽饼3~4千克敲碎后浸水8小时，滤出残渣再加水50~75千克，喷洒棉苗，或将茶籽饼敲碎，碾成粉状直接撒施；也可用碳酸钙1.5千克加消石灰2.5千克撒施；还可用蜗牛敌和灭蜗灵撒施棉田；或在定苗时撒施四聚乙醛（密达）0.5~1.0千克。

九、棉珠蚧

棉珠蚧是一种为害棉花的稀有害虫，又称"土珠子"、棉根新珠硕蚧，以幼虫聚集在棉株根部吸食，使根部有许多小黑点，并出现裂纹，或根部肿大，根尖发黑，腐烂，棉株地上叶片发黄变红而脱落，上部叶片也逐渐凋萎，受害重的棉株短期内叶片，甚至茎秆枯死。棉珠蚧一年发生1代，以珠体集中在寄主根部附近越冬，外壳坚硬，球形，深褐色，外包有白色蜡层，雌雄大小不等。土壤高湿利于发生。1龄幼虫体长椭圆形，约1毫米，淡黄褐色。除为害棉花外，还可为害豆类、甘薯、玉米、高粱等作物及多种杂草。

防治方法：合理轮作，减少虫源。在幼虫孵化后的扩散活动期，可选用农喜2号15毫升＋"邯科140"5毫升，去掉喷雾器的喷片而喷施棉花根茎部，可同时兼治地老虎等地下害虫，且对蚜虫、红蜘蛛有较好的兼治效果。用药治虫的同时，可加入蓝色晶典、农喜十乐素、壮汉液肥、二铵水溶液、芸苔素内酯等营养调节剂，以促进植株健壮。

附录
棉花轻简化栽培技术规程

一、棉花软盘基质育苗技术规程（HNZ113—2016）

为规范棉花软盘基质育苗技术，制定本规程。

1 苗床制作

1.1 苗床选择

根据不同区域安排平地、空地或荒坪隙地，选择背风向阳、交通方便场地做苗床。

1.2 苗床制作

苗厢宽116~120厘米（两个穴盘的长度），沟宽30~40厘米，沟深15~20厘米，长度依地势而定，一般20~30米，整平拍实床面，并铺一层0.01厘米厚的农膜，以防苗根长入土中。

1.3 苗床消毒

每平方米苗床用甲醛30~50毫升，加水3升，喷洒床土，用厚薄膜闷盖3天后揭膜，待气体散尽后搬置播种盘。

2 物资准备

以移栽密度为1800株/亩为例，需准备物资：①棉种300克，约2400粒；②育苗基质（水木、科农等棉花育苗专用基质）1袋，体积约80升，同体积干净河沙1袋；③促根剂1瓶，150毫升/瓶；④保叶剂1瓶，80克/瓶；

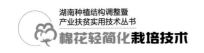

⑤长58厘米，宽32厘米，高4.5厘米72孔塑料育苗穴盘30个；⑥其他物资为竹弓、农膜和地膜等。

3 基质装盘

装盘前，将基质和河沙混合均匀。将混匀后的基质吸足水分，以手捏成团，指间有水，但无流水为宜。将基质倒入育苗盘上，用竹、木条刮平，再上下抖动育苗盘，使基质填实每个育苗孔穴，以基质距育苗盘平面1~1.5厘米为宜。

4 播种与摆盘

4.1 播种期

气温稳定在15℃（一般在4月20日前后）时播种。

4.2 种子处理

晒种：播种前一周选晴天晒种3~4天，每天晒3~4小时。

选种：棉种浸在水中，漂出浮在水面的嫩子、瘪子，晾干后备播。

4.3 播种

在基质育苗盘内每穴播1粒种子，种尖朝下，播种时用手指轻轻下按。可用人工点播，也可用机械直播。

4.4 覆盖

播完一盘后立即用基质覆盖，覆盖厚度为1~1.5厘米，以覆盖基质与育苗孔平齐为宜。

4.5 置盘

将播了种的育苗盘按次序放入育苗床上，搭拱棚、盖膜；也可先放置在温度较高的室内或其他地方，待见芽时再移至苗床上，再拱棚盖膜。

5 苗床管理

5.1 消毒

播种后，在育苗盘表面喷施5%多菌灵消毒，以防棉苗病害发生。

5.2 病害防治

当出苗达80%时，叶面喷施70%敌克松800倍液防治，当发生立枯病

附录
棉花轻简化栽培技术规程

或炭疽病时，及时用 500 倍液的多菌灵或甲基立枯灵进行防治。

5.3 生长调控

根据棉苗长势酌情喷施助壮素、缩节胺或棉花专用"粒粒宝"（按说明书使用）进行调控，防止高脚苗。

5.4 水分管理

一般天气，保持基质湿润，早晚喷水，防止水干死苗。

5.5 浇促根剂

子叶平展灌 1∶100 倍促根剂稀释液于苗床底部。

5.6 棚膜管护

出苗前，注意育苗棚内温度，防止高温（＞35℃）烧苗；出苗后，苗棚两头揭膜通气，遇高温及时掀膜，遇大风大雨盖膜加固。

5.7 炼苗

棉苗移栽前一星期内，可抢晴天敞棚减少水分，每天进行 3~4 小时的炼苗。

6 出圃

苗龄 30 天左右，真叶 3~4 片，苗高 15 厘米左右，茎红绿比大于 60% 时可出圃移栽。

7 注意事项

育苗结束后，做好以下三件事：①物资回收。育苗盘和竹弓需及时清洗、贮藏，以便下季使用。②废弃物清理。及时清理薄膜或其他废物、垃圾等。③场地复原。填实育苗池，恢复原状。

8 育苗档案

棉花软盘基质育苗技术的各项农事操作，应逐项如实记载。应对育苗地点、育苗规格、棉花品种、播种日期、播种量、促根剂和保叶剂施用时间、病害防治、移栽期等进行记载。

9 技术术语

棉花软盘基质育苗是用专用基质取代营养土，用塑料软盘取代营养钵进行育苗的一种新型轻简育苗技术。其过程主要包括育苗物资准备、播种、苗床管理、移栽前准备、移栽和后期管理等方面。

编写单位：湖南生物机电职业技术学院，湖南农业大学

编写人员：吴碧波、熊格生、唐海明、王娟娟、白岩、黄庆

二、棉花水浮育苗技术规程（HNZ114—2016）

为规范棉花水浮育苗技术，制定本规程。

1 苗床制作

1.1 苗床选择

根据不同区域安排平地、空地或荒坪隙地，选择背风向阳、交通方便的场地做苗池床。

1.2 苗池规格

按照育苗盘的长、宽、高度建造育苗池。一般按育苗盘1横2竖排放，宽约为100厘米，深（高）约为15厘米，底部水平紧实，四周堤埂宽约30厘米，挖好育苗池。

以育1亩大田用苗为1个单位苗池。1个单位苗池，长400厘米、宽100厘米，排放20个育苗盘；排放样式如附图1-1。

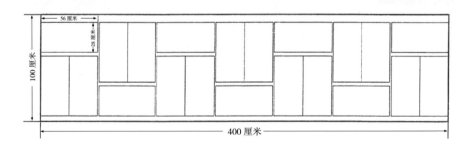

附图1-1 棉花育苗池育苗盘摆放示意图

1.3 开挖苗池

在选定的场地上，用铁锹锄头或小型农机按规格挖制苗池，并夯实、平整底层、四周堤埂，清出底部石块、植物根茎和尖锐硬物等。

1.4 苗池铺膜

苗池制作好后盛装营养液前，先在苗床内铺垫聚乙烯薄膜（0.1 毫米厚，最好用黑色膜），铺膜后检查是否有漏水，如发现漏水，应及时修补或换膜。

2 物资准备

1 个单位苗池准备以下物资：①选购棉种约 350 克，保证 2400 粒种子；②选购棉花育苗专用基质 1 袋，体积 80 升；③选购棉花育苗专用肥 400 克/袋；④长 58 厘米，宽 26 厘米，高 4.5 厘米的 100 孔泡沫育苗盘 20 个；⑤其他物资如竹弓、农膜、地膜等。

3 基质装盘

装基质前，清洗、消毒育苗盘；将基质吸足水分，以手捏成团，指间有水，但无流水为宜；将基质倒在育苗盘上，先用竹片或木条刮平；再上下抖动育苗盘，使基质填实每个育苗孔穴，以基质距育苗盘平面 1~1.5 厘米为宜。

4 营养液配制

在修好的苗池中先加入 300 千克清水，将营养液（将事先准备好的棉花育苗专用肥加入适量的水溶解而成）倒入育苗池中，边加水边搅匀，使肥料充分溶解。营养液也可在棉苗一叶一心后加入。

5 播种与摆盘

5.1 播种时间

气温稳定在≥15℃（一般在 4 月 20 日前后）时播种。

5.2 种子处理

晒种：播种前 15 天选晴天晒种 3~4 天，每天晒 3~4 小时。

选种：棉种浸在水中，漂出浮在水面的嫩子、瘪子。

5.3 播种

在基质育苗盘内每穴播 1 粒种子（种尖朝下为最佳），播种时用手指轻轻下按。可用人工点播，也可用机械直播。

5.4 覆盖

播完一盘后立即用基质盖种，覆盖厚度为 1~1.5 厘米，以覆盖基质与育苗孔平齐为宜。

5.5 置盘

先将播了种的育苗盘放置在温度较高的无污染室内，待子叶出土后移至育苗池；然后搭拱棚、盖膜。

6 苗床管理

6.1 消毒

播种后，在育苗盘表面喷施 5% 多菌灵消毒，以防棉苗病害发生。

6.2 病虫防治

当棉苗发生病虫害时，应及时防治。

6.3 生长调控

根据棉苗长势酌情喷施助壮素、缩节胺或棉花专用"粒粒宝"（按说明书使用）进行调控，防止高脚苗。第一次喷施缩节胺浓度应控制在 1 克兑水 100 千克。2 叶后浓度可加倍。

6.4 日常管护

出苗前，需注意防止高温烧芽。出苗后，晴天两头通气，遇高温要及时揭膜，遇大风大雨要盖膜加固紧实。

6.5 炼苗

棉苗 2 片真叶后，日平均气温 25℃ 以上可全部揭膜炼苗。

7 出圃

苗龄 30 天左右，真叶 3~4 片，苗高 15 厘米以上，茎红绿比大于 60% 时可出圃移栽。

8 注意事项

育苗结束后，做好以下三件事：①物资回收。育苗盘和竹弓需及时清洗、储藏，以便下季使用。②废弃物清理。及时清理薄膜或其他废物、垃圾等。③场地复原。填实育苗池，恢复原状。

9 育苗档案

棉花水浮育苗技术的各项农事操作，应逐项如实记载。应对育苗地点、育苗规格、棉花品种、播种日期、播种量、病害防治、移栽期等进行记载。

10 技术术语

棉花水浮育苗是采用多孔聚乙烯泡沫育苗盘为载体，以混配基质为支撑，在营养液苗床上漂浮的一种新型轻简育苗技术。

编写单位：湖南农业大学，湖南生物机电职业技术学院

编写人员：熊格生、吴碧波、徐一兰、白岩、王娟娟、任家贵

三、棉花高产创建项目管理规程（HNZ112—2016）

为规范棉花高产创建项目实施，特制定本管理规程。

1 申报条件

1.1 实施单位

由县级农业主管部门按照农业部项目指南，进行项目申报。经省农业委员会评审批准立项，并报农业部备案后，由县级农业部门组织实施。

1.2 创建条件

1.2.1 项目县市区棉花面积不少于 10 万亩，农场不少于 5 万亩。

1.2.2 申报 1~2 个片的乡（镇）棉花面积不少于 1 万亩；整建制（又称整乡镇）推进的为 3 个片，所在乡镇棉花面积不少于 3 万亩。

1.2.3 项目区建有棉花专业合作组织，且手续完备，规模不少于 500 户，经营良好。

1.2.4 项目区的土壤肥力中等以上，有机质含量 1.2% 以上，土壤枯萎病、黄萎病菌少。

1.2.5 项目区交通便利，棉花集中连片，排灌条件良好，植棉水平较高。

2 目标产量

万亩棉花高产创建片，应实现平衡增产，比周边非项目区增产 5% 以上。籽棉单产不低于 300 千克/亩，皮棉单产不低于 120 千克/亩（直播机收

棉不低于 110 千克/亩）。

3 主推技术

3.1 播种育苗，合理密植

育苗移栽棉：4 月 10 日~4 月 25 日，选晴天播种，培育壮苗；5 月中下旬移栽，密度 1500~1800 株/亩。

油后直播棉：5 月 15 日~5 月底，选晴天清洁田园，板地播种，力争一播全苗。密度 5 月 20 日前播的 2500~3000 株/亩，5 月下旬播的 3000~4500 株/亩，机采棉 6000 株/亩左右。

3.2 埋施肥料，整枝亮脚

3.2.1 埋施缓释肥　移栽棉苗长到 6~7 叶后（6 月上中旬），或直播棉苗 4~5 叶（约 6 月中旬），选晴天一次性埋施 N、P、K 养分总量 45% 的缓释肥 70 千克/亩或 50 千克/亩。

3.2.2 整枝亮脚　当移栽棉花现蕾或株高 30 厘米左右（6 月中下旬）时，去除棉株下部 15~20 厘米内的枝叶，俗称"脱裤腿"。有利通风透光，集中养分，促进生长，防止下部烂铃烂花。

3.3 科学调控，集中成铃

3.3.1 化学调控　常用的棉花生长调节剂有缩节胺和棉花专用"粒粒宝"等。使用时以说明书为准。苗床棉苗达到 2 片真叶时，对长势偏旺的苗面喷 1~2 次 20% 的缩节胺或"粒粒宝"水溶液。自 6 月中旬至打顶期间，不论移栽或直播棉均依据天、地、苗情，每亩用缩节胺 4~6 克，每次每克兑水 20~30 千克，或"粒粒宝"均匀喷雾，调控棉花生长。

3.3.2 适时打顶　当移栽棉花株高超过 140 厘米以上，果枝数达到 20 盘时；或直播机采棉株高达到 110 厘米时，不论何时、果枝数多少，应及时打顶，一般立秋前打完为宜。人工打顶或化学封顶均不宜迟于 8 月 10 日。确保 7 月下旬至 8 月底集中成铃，便于集中采收。

3.4 防止早衰，集中采收

3.4.1 防虫治病　重点防止蜗牛、棉铃虫、红铃虫、烟粉虱、红蜘蛛等害虫和立枯、炭疽、枯萎、黄萎等病害。

3.4.2 补施"壮桃肥"　在打顶前后，依天、地、长势对棉花长势差的，每亩平均追补 N、K 各 5 千克左右的壮桃肥。

3.4.3 防涝抗旱　做好棉田清沟排渍或引水浇灌。遇到狂风暴雨，对倒伏棉花，应在田干后，再扶正壅土。

3.4.4 抹芽除赘　结铃至吐絮期，对长势过旺的棉田应抹赘芽，摘除下部老叶，保持棉田通风透光。

3.4.5 喷落叶剂　9 月下旬至 10 月初喷施棉花专用落叶剂，便于一次性集中（机械）采收和油菜或马铃薯直播，节省采摘用工，提高棉花品质和棉田综合效益。

4 管理模式

4.1 项目管理机构

省、县、市、区应成立棉花高产创建领导小组和专家指导组，领导小组由省农业委或县级政府分管领导任组长，省农业委经作处处长或县级农业局局长任副组长。负责项目管理、协调和督导。同时，省农业委成立项目专家指导组；县级由农业局组建项目技术指导小组，负责制定项目实施方案、技术培训、指导服务、测产验收和项目实施总结。

4.2 资金管理使用

项目设立专门账户，保证专款专用，不得挤占、截留、挪用。中央补助资金主要用于大面积推广区域性、标准化成熟技术关键环节的物资投入。其中种、药、肥、机械补贴占项目资金的 60%，技术培训推广服务补助占40%。

4.3 技术服务督导

各级农业部门要加强项目工作的指导服务和督导，安排专业技术人员分片包干。关键农时季节，组织技术培训，现场观摩，抓好轻简化主推技术指导，办点示范。每个示范片必须明确"五个一"。即 1 名行政负责人，1 名技术负责人，1 张片区方位图，1 份技术模式表，1 本农事日志。

4.4 推行"五统一"

高产创建片实行种植品种、测土配方施肥、专业化防控、技术指导和订单生产"五统一"管理。

4.4.1 统一种植品种 项目实施单位在尊重多数农民意愿的前提下,经民主推荐确定种植高产优质抗逆性强的品种。一个创建片内最好选择一个品种,最多不超过 3 个,做到一村一种,集中连片。

4.4.2 统一测土配方施肥 由县级农业局土肥站对创建片进行测土配方。无论选择无机肥、有机肥、复混肥、缓释肥,都须按测土配方(N、P、K)比例进行施肥。

4.4.3 统一专业化防控 项目区应组建病虫草专业防控队伍,集中采购农药、除草剂、调节剂、落叶剂等。按照预测预报结果,针对病、虫、草进行统防统治和化学调控。

4.4.4 统一技术指导 棉花高产创建,以推广轻简化栽培技术为模式,重点抓好油后直(机)播,适度增加密度,一次性施用缓释肥,专业化防控,集中成铃,化学封顶,落叶,集中(机械)采收等关键技术。

4.4.5 统一订单生产 项目区棉农合作组织应与收购、加工、纺织企业对接,签订棉花产销合同,实行统一交售,订单生产。

5 测产验收

5.1 分级验收

棉花高产创建测产验收分为县级自测、省级复测、国家抽测 3 个级别。

5.1.1 县级自测 9 月 10~18 日,县高产创建项目领导小组,选派 5 名相关专业人员,组成测产验收专家组,以片为单位,按附表 1(略)进行自测,并按附表 2、附表 3、附表 4(略)填报项目执行情况,并形成专家测产验收意见。完成后及时汇总上报省高产创建领导小组,并报请复测。

5.1.2 省级复测 9 月 20~26 日,省高产创建专家指导小组,安排 7 名相关专家,组成专家组,对各示范片的自测结果按附表 5(略)进行复测查验。并对县级自测结果准确度(率)进行分析评判,当复测结果与县级自测结果误差率在 5% 以内时，以自测结果为准；误差率大于或等于 5% 后，以复测结果为准。并对项目执行情况，如工作措施落实、田间管理及产量水平、资金管理使用等检查验收。并进行综合评价，形成专家验收意见。

5.1.3 国家抽测　一般在国庆节前后，农业部选派相关专家，组成专家组对各省高产创建测产验收结果和项目执行情况进行抽测查验。

5.2 测产办法

5.2.1 随机取样　先查看每个创建片的整体长势，依评估产量，划分出高、中、低三类，并确定每类棉花面积所占比例。对每类棉田随机抽取 5 个样点（丘块或农户），要求每个样点不少于 5 亩，基本均衡。

5.2.2 大田测产　对每个类型的棉田，采取三点取样。选定测产处后进行密度测定，行距测 11 株、株距测 21 株；每点连续取 20 株棉花，对样本的果枝数、铃数、铃重进行检测，三点平均后计算出本样点的亩平密度、总铃数、单铃重等，并按九折算出籽棉单产。

6 引用和参考资料

《农业部办公厅　财政部办公厅关于印发〈2011 年粮棉油糖高产创建项目的实施指导意见〉的通知》农办财〔2011〕42 号。

《农业部办公厅关于做好粮棉油糖高产创建项目有关工作的通知》农办财〔2013〕100 号。

《农业部办公厅　财政部办公厅关于做好 2014 年农业高产创建工作的通知》农办财〔2013〕51 号。

编写单位：湖南省农业委员会经济作物处

编写人员：吴若云、吴碧波、熊格生、李景龙、白岩、成智涛、李飞

四、棉花专用缓释肥使用技术规程（NHZ051—2013）

为规范棉花专用缓释肥使用技术，制定本规程。

1 肥料质量要求

棉花专用缓释肥应通过农业部肥料登记，产品质量符合国家规定的缓释

肥料标准（GB/T 23348—2009 缓释肥料）规定。质量要求：养分（氮、磷、钾）总含量≥45%；配方：N：P_2O_5：K_2O=18：9：18 或 19：8：18；肥料养分释放速率与棉花生长所需基本同步。

2 使用方法

2.1 施用量

地力	移栽棉（千克/亩）	直播棉（千克/亩）	油后直播棉（千克/亩）
中等肥力	80	70	60
高等肥力	70	60	50

注：与有机肥配合施用，每亩用枯饼肥 50 千克或畜粪 1000 千克作基肥。

2.2 施用方法

2.2.1 移栽棉　移栽棉移栽后 7~10 天内，先用人工或畜力在离棉行 15~20 厘米处开沟或打穴（按棉株距），深度 10~15 厘米，然后将肥料均匀施入，并覆土。或用专用施肥机械施入。

2.2.2 直播棉　在定苗后（棉苗 2~3 叶期）施入，施肥方法与移栽棉相同。

2.2.3 油后直播棉　在定苗后（棉苗 2~3 叶期）施入，施肥方法与移栽棉相同。

3 注意事项

3.1 在 8 月上中旬发现棉花有早衰迹象时，可每亩施尿素 10~15 千克，选晴天下午 4 时后撒施。

3.2 在 8 月中下旬可结合治虫，施棉花专用叶面肥 3~4 次。

3.3 防止棉田积水。

3.4 按照棉田正常管理注意化调。

4 施肥记载

棉农应将施肥情况进行记载，包括农户姓名、植棉面积、种植方式、缓释肥种类、施肥时间、施肥量、施肥方法、籽棉单产等。

5 技术术语

棉花专用缓释肥料：通过养分的化学复合或物理作用，使肥料养分释放速率与棉花生长所需基本同步的化学肥料。

6 引用和参考资料

GB/T 23348—2009 缓释肥料

编写单位：湖南省棉花科学研究所，湖南生物机电职业技术学院

编写人员：李景龙、吴碧波、李飞、郭利双、朱海山、李玉芳、杨春安、巩养仓

五、棉田除草剂安全使用技术规程（HNZ090—2015）

为规范棉田除草剂安全使用技术，制定本规程。

1 基本要求

1.1 施药人员

1.1.1 施药人员应年满 18 岁，熟悉除草剂、棉花农艺相关知识。

1.1.2 老、弱、病、残、孕以及皮肤损伤未愈合者不得施药。

1.1.3 施药全程应做到：着专用施药防护服、戴手套、戴口罩。

1.1.4 施药人员每天施药时间不得超过 6 小时，如有头痛、头昏、恶心、呕吐等症状应立即停止施药并就医。

1.1.5 施药完毕应及时更换衣服，清洗手、脸等部位，并用清水漱口。

1.2 施药设备

1.2.1 施药器具产品质量应符合国家强制性标准和生产企业标准规定。

1.2.2 根据除草剂种类和棉花不同生育期选择合适的喷头和其他喷洒部件，为防止药害应使用防药液漂移的喷头或加装防护罩。

1.2.3 施药前先用清水代替药液，确认喷雾器能正常工作，各密封处无渗漏，喷雾雾型正常，雾化均匀。

1.3 视杂草发生情况施药。

2 技术方法

2.1 苗床期安全使用。

2.1.1 芽前除草。

2.1.1.1 推荐品种及剂量

a）浓度为 50% 的乙草胺乳油 70 毫升/亩或浓度为 90% 的乙草胺（禾耐斯）40 毫升/亩。

b）浓度为 60% 的丁草胺水乳剂 125 毫升/亩。

c）浓度为 72% 的异丙甲草胺（都尔）100 毫升/亩。

2.1.1.2 使用方法　棉籽播种后覆土厚 1.5~2 厘米，按每亩 30~50 千克水配好药用喷雾器向苗床土壤均匀喷雾，接着覆盖地膜，待棉苗出苗后揭去地膜可防药害。配药时要按苗床实际面积计算用药量，分床配药，分床使用。

2.1.2 芽后除草

2.1.2.1 推荐品种及剂量

a）浓度为 5% 的精喹禾灵（精禾草克）乳油 40 毫升/亩。

b）浓度为 10.8% 的氟吡甲禾灵乳油（高效盖草能）20 毫升/亩。

c）浓度为 15% 的精吡氟禾草灵（精稳杀得）乳油 40 毫升/亩。

2.1.2.2 使用方法　对没用芽前除草剂的苗床，在棉花出苗后对以生长禾本科杂草为主的苗床可用防除禾本科杂草的除草剂喷杀。棉花出苗后，在禾本科杂草 2~6 叶期时，按苗床实际面积量药兑水配制喷雾。

2.2 免耕移栽棉田安全使用

2.2.1 移栽前灭茬

2.2.1.1 推荐品种及剂量

a）浓度为 41% 的草甘膦异丙胺盐水剂一般棉田 100~200 毫升/亩，对高大和多年生宿根性杂草，如香附子、白茅、艾蒿等，用量 300~400 毫升/亩。

b）浓度为 30% 的草甘膦可溶性粉剂 200 克/亩。

2.2.1.2 使用方法　对收获后的油菜等前作田和冬闲田按实际面积和杂草情况配药兑水喷施，对高大宿根性杂草宜用上限剂量。喷雾宜用小孔喷头。

2.2.2 移栽后除草

2.2.2.1 推荐品种及剂量

a）浓度为 5% 的精喹禾灵 50 毫升/亩。

b）浓度为 10.8% 的氟吡甲禾灵 30 毫升/亩。

c）浓度为 5% 的精喹禾灵 50 毫升/亩＋浓度为 50% 的乙草胺乳油 80 毫升/亩。

d）浓度为 5% 的精喹禾灵 50 毫升/亩＋浓度为 72% 的异丙甲草胺 60~90 毫升/亩。

2.2.2.2 使用方法　移栽后棉花现蕾前不能使用草甘膦。当田间杂草 3~6 叶时只能选择性使用除草剂和芽前除草剂。

2.3 中后期安全使用

2.3.1 推荐品种及剂量

a）浓度为 41% 的草甘膦异丙胺盐水剂 100~200 毫升/亩（适合双子叶杂草和禾本科杂草的混合防除）。

b）浓度为 5% 的精喹禾灵 60 毫升/亩＋浓度为 10% 的乙羧氟草醚 20 毫升/亩。

c）浓度为 15% 的精吡氟禾草灵 50~100 毫升/亩。

d）浓度为 10.8% 的氟吡甲禾灵 30 毫升/亩。

2.3.2 使用方法　在 6 月下旬至 7 月，苗高 30 厘米以上时，带罩定向喷雾，或用"110°—015"规格扇形喷头喷雾。

2.4 高密度直播棉田安全使用

2.4.1 芽前除草

2.4.1.1 推荐品种及剂量

a）浓度为 50% 的乙草胺乳油 70 毫升/亩或浓度为 90% 的乙草胺（禾耐斯）40 毫升/亩。

b）浓度为 60% 的丁草胺水乳剂 125 毫升/亩。

c）浓度为 72% 的异丙甲草胺（都尔）100 毫升/亩。

2.4.1.2 使用方法　在棉花播种后、出苗前（覆土厚 1.5~2 厘米），按 40~50 千克水/亩配好药，用喷雾器向土壤均匀喷雾。

2.4.2 苗期除草

2.4.2.1 推荐品种及剂量

a）浓度为 5% 的精喹禾灵 50 毫升/亩。

b）浓度为 10.8% 的氟吡甲禾灵 30 毫升/亩。

c）浓度为 5% 的精喹禾灵 50 毫升/亩 + 浓度为 50% 的乙草胺乳油 80 毫升/亩。

d）浓度为 5% 的精喹禾灵 50 毫升/亩 + 浓度为 72% 的异丙甲草胺 60~90 毫升/亩。

2.4.2.2 使用方法　在杂草出苗后 3~5 叶期，按每亩 40~50 千克水配好药，用喷雾器向土壤均匀喷雾。

3 注意事项

3.1 根据杂草类型和时间选择合适的除草剂类型，防止错用，特别是移栽后棉田不能使用草甘膦，否则易造成僵苗。

3.2 喷施除草剂药械应专用，不得与杀虫剂、杀菌剂或激素混用，喷施药液后，应及时将施药器具清洗干净。

3.3 选用小口径片喷头，以减少药液流失，提高防效。

3.4 应在无风的清晨或黄昏时施药，避免大风、逆风和炎热中午施药。

3.5 切忌在寒潮来临前用药，气温回升时再用药，以免发生药害。

3.6 沙性土应适当减少用量，避免药害。

4 质量安全控制

4.1 农药使用

在当地农业植保部门指导下，参照本规程根据当地情况选择药剂品种和剂量，合理使用除草剂。

使用除草剂产品质量应符合 GB 4285 和 GB/T 8321（所有部分）的规定。农药瓶（袋）等废弃物应实行无害化集中处理。

4.2 田间档案

对每次施药的时间、药品名称、来源、用量、施药方法、施药效果等，应建立档案。

5 技术术语

下列术语与定义适用于本规程。

5.1 芽前除草

播种后种子发芽前这段时间进行的除草。

5.2 芽后除草

种子发芽或出苗后一段时间进行的除草。

5.3 免耕移栽棉田

前作收获后不对土地进行翻耕而直接移栽棉花的田块。

6 引用和参考资料

GB 4285　农药安全使用标准

GB/T 8321　农药合理使用准则

NY/T 1296　长江流域棉花生产技术规程

GB/T 17980.128—2004　农药　田间药效试验准则（二）第 128 部分：除草剂防治棉花田杂草

NY/T 1225—2006　喷雾器安全施药技术规范

编写单位：湖南省棉花科学所

编写人员：李景龙、郭利双、李飞、朱景明、朱海山

六、棉花油后直播技术规程（HNZ091—2015）

为了规范棉花油后直播技术，制定本规程。

1 土壤选择

选择排灌方便、土层深厚、土质肥沃的壤土、沙壤土。

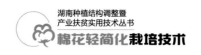

2 目标产量

籽棉产量不低于 250 千克/亩。

3 品种选择

选择适合本地种植（如机采棉 2 号、中棉所 60 等）、株型紧凑、结铃集中、抗病虫性好的早熟（生育期 100 天左右，全生育期 140 天以内）品种。

4 种子处理

选择成熟饱满棉籽进行脱绒、精选、包衣处理。

5 播种技术

5.1 播种时间

5 月 20~30 日，以 5 月底见苗为好。

5.2 播种方法

5.2.1 机械播种

选择晴天，清沟平垄，用棉花专用旋耕施肥播种机一次性作业，播种密度 5500~6000 株/亩。机械收花行距 76 厘米（或 66 厘米 +10 厘米）；非机械收花行距，要求大于 70 厘米。每亩用棉花专用配方缓控肥（N：P：K=19：8：18）30~50 千克（视土壤肥力而定），施在距棉籽 15~20 厘米处。

5.2.2 人工播种（或播种器播种）

播种前 7~10 天，用草甘膦水剂全田喷施，可以在草甘膦内加入乙草胺类芽前除草剂封除杂草。

选择晴天，清理三沟、整理棉垄。

播种密度 5500~6000 株/亩。机械收花行距 76 厘米（或 66 厘米 +10 厘米）；非机械收花行距，要求大于 70 厘米。在降雨前及时板土播种，每穴播 1~2 粒棉籽，播种后覆盖 1.0~1.5 厘米的干细土。

6 田间培管

6.1 蜗牛、地老虎防治

蜗牛防治：定苗前每亩撒施 6% 四聚乙醛（密达）0.5~1.0 千克；地老

虎防治：每亩喷施"灵扫利"20毫升（兑水10~15千克）。

6.2 定苗

机械播种不需定苗；人工播种（或播种器播种）要视出苗情况定苗，去掉双根苗中的弱苗。缺株率大于15%需要补种补苗。

6.3 施肥

人工播种（或播种器播种）的定苗后每亩深施棉花专用配方缓控释肥（N：P：K=19：8：18）30~50千克（视土壤肥力而定），机械播种的在播种的同时施肥。在8月上中旬，根据棉情，需肥棉田可每亩追施尿素10千克，选晴天下午4时后撒施。

6.4 田间除草

播种后25~30天，视田间杂草种类和生长量，决定除草剂的品种与喷施方法。杂草以禾本科为主，选用精盖草能、精禾草克等除草剂；杂草种类较多或是以阔叶杂草为主，选用美棉双清、草甘膦等除草剂，剂量与方法参考药剂使用说明。

喷草甘膦时注意药液不能沾在棉叶上（不宜使用百草枯一类的除草剂）。从播种到棉花未封行前，一般行间除草1~2次。

6.5 病虫害防治

苗蕾期：虫害主要防治棉盲蝽蟓、蚜虫、棉红蜘蛛、棉蓟马和棉铃虫等；病害主要防治立枯病、炭疽病、枯萎病、黄萎病等。

花铃期：虫害主要防治棉铃虫和斜纹夜蛾，兼治其他害虫；病害主要防治铃病。

6.6 化学调控

遵循少量多次的原则，蕾期到初花期施缩节胺，每次0.5克/亩，兑水15~20千克；盛花期每亩施缩节胺1~2克，兑水20~25千克；打顶后每亩施缩节胺3~5克，兑水25~30千克，具体情况视苗情而定。

6.7 化学脱叶

机械收花棉田当吐絮率达80%，可以喷施脱叶剂。每亩用噻苯隆30~40

克，兑水 20~30 千克，用喷雾器均匀喷施，保证棉株上、中、下层叶片都能均匀喷有脱叶剂。

在风大、降雨前或烈日天气禁止喷药作业；喷药后 12 小时内若降中到大雨，应当补喷。

7 集中收花

7.1 机械收花

棉花脱叶率 80% 以上，吐絮率 90% 以上，籽棉含水率不大于 12%，清除棉株上杂物，如塑料残物、化纤残条等后，即可进行一次性机械收花。

7.2 人工收花（或收花器收花）

采摘前将帽子、采花围裙袋、装花箩筐等清理干净，头发必须卷入帽中，用采花围裙袋装田间采摘的棉花。帽子、围裙袋、筐装花袋必须用纯白棉布材料制作。

田间人工采摘选晴天，上午必须在棉花干水后进行，5~7 天为一个采摘时段。先采正常吐絮的成熟好花，后捡烂花、僵瓣、变色花、烂铃等。必须分品种、分批次进行人工采摘；及时抢摘开口铃，做到烂壳而不烂花；分品种装袋；不带壳收花、不摘裂口铃（又称笑口桃）；不得将铃壳、苞叶、棉叶等杂质混在籽棉中。

8 田间档案

8.1 生产操作档案

对土壤种类、肥力、整地、除草、播种、田间管理、肥水管理、病虫防治、采收、出售等活动，应逐项如实记载。

8.2 投入品使用档案

对生产过程中使用的品种、农药、化肥等投入品的品名、种类、来源、使用日期、使用方法、使用效果等逐项如实记载。

9 技术术语

棉花油后直播：棉花在油菜收获后直接播种。

棉花专用配方缓控肥：按照棉花生长对肥料的需求规律而研制的一种释

放期较长，肥料养分释放速率缓慢，在整个生长期都可以满足棉花生长需要的肥料。

10 引用和参考资料

HNZ051—2013　棉花缓控肥施用技术规程

DB43/T513—2010　棉花采收技术操作规程

GB/T8321.1—9　《农药合理使用准则》

编写单位：湖南省棉花科学研究所，湖南农业大学等

编写人员：李景龙、李飞、郭利双、刘爱玉、贺云新、白岩、李瑞莲

七、直播棉花化学封顶技术规程（HNZ100—2015）

为规范直播棉花化学封顶技术，制定本规程。

1 施药条件

1.1 种植品种

株型紧凑、结铃集中、抗病虫性好的早熟品种（生育期100天左右，全生育期140天以内）。

1.2 种植密度

3000株/亩以上。

1.3 播种时间

5月中下旬，以5月底见苗为好。

1.4 控制高度

株高控制在120厘米以下。

2 使用药剂

主要为ZNFDJ（中国农业大学研制）。

3 喷药时间

符合下列条件之一即可施药：

棉株高度达到110厘米左右；

果枝达到10台；

立秋前后。

4 用药剂量

用药量 70~100 毫升/亩，兑水 15~20 千克，可和缩节胺混合使用，对于生长过旺的棉田，酌情增加缩节胺用量，效果更好。

5 配药方法

先将喷雾器（喷雾罐）内加入一半清水后，将药剂倒入喷雾器（喷雾罐）中，再加足清水后，混合均匀，方可使用。

6 喷施要求

6.1 人工喷施

采用顶喷，喷雾器在进入棉田前要调试好喷头，喷秆高度离棉株顶端 25~30 厘米，喷头以扇形喷头实行全覆盖喷雾，确保棉株顶部生长点充分接触药液。

6.2 飞行器喷施

采用顶喷，飞行器离棉株顶端 25~30 厘米，实行全覆盖喷雾，确保棉株顶部生长点充分接触药液，飞行器作业速度控制在 3 千米/小时左右。

7 注意事项

7.1 封顶剂不能代替缩节胺。封顶剂主要抑制棉株顶端优势，起到替代人工打顶的作用。而缩节胺主要抑制细胞拉长，起控制节间长短和株高的作用，所以封顶剂和缩节胺不能互相替代。

7.2 为保证使用效果，施药后 5~7 天内控制水、肥，严禁与含有激素类的农药和叶面肥（如芸苔素内酯、胺鲜酯、磷酸二氢钾、尿素等）混用，可与微量元素（硼、锰、锌）混合使用。

7.3 在风大、降雨前或烈日天气禁止喷药作业。

7.4 若喷施后 4 小时内下雨，要减量补喷。

7.5 施药后 3~5 天，效果不明显时需及时补喷。

7.6 棉田套播（种）其他作物已出苗的禁用。

7.7 施药前后棉田管理参照《棉花油后直播技术规程》。

8 技术术语

化学封顶：应用棉花生长调节剂，抑制顶端生长，使棉花顶尖停止生长，从而起到代替人工打顶的效果。

9 引用和参考资料

HNZ091—2015《棉花油后直播技术规程》

编写单位：湖南省棉花科学研究所

编写人员：李飞、郭利双、李景龙、何叔军、朱海山、贺云新

八、棉花化学脱叶催熟技术规程（HNZ100—2015）

为规范棉花化学脱叶催熟技术，制定本规程。

1 施药条件

1.1 种植品种

株型紧凑、结铃集中、抗病虫性好的早熟品种（生育期100天左右，全生育期140天以内）。

1.2 种植密度

3000株/亩以上。

1.3 播种时间

5月中下旬，以5月底见苗为好。

1.4 控制高度

株高控制在120厘米以下。

2 所用药剂

噻苯隆、乙烯利水剂，混合使用。

3 喷药时间

选晴天，日平均气温18℃以上，符合下列条件之一即可喷药：

9月下旬至10月上旬；棉铃开裂60%左右。

4 用药剂量

噻苯隆30~40克/亩＋乙烯利水剂60~80毫升/亩，兑水15~20千克喷施。根据棉花长势确定喷药量。

5 配药方法

先将喷雾器（喷雾罐）内加入一半清水后，将药剂倒入喷雾器（喷雾罐）中，再加足清水，后混合均匀，方可使用。

6 喷施要求

6.1 人工喷施

喷雾器在进入棉田前要调试好喷头，均匀叶面喷雾，喷药时防止药液漂移，做到不重喷、漏喷。全株喷匀，促使叶片脱落；对于分批采收的棉田，喷前可人工采收一次，为增加田间通风透光性，保留顶部叶片和蕾铃的，则只需喷中下部叶片。

6.2 飞行器喷施

飞行器离棉株顶端 40~60 厘米，喷雾器在进入棉田前要调试好喷头，实行全覆盖喷雾，飞行器作业速度控制在 10 千米/小时左右。群体大的棉田可分 2 次连续喷雾。

7 注意事项

7.1 关注天气预报，喷药避开强降温、大风、降雨等天气。

7.2 施药后 12 小时遇雨后应补喷。

7.3 施药后一周内，效果不明显时需及时补喷。

7.4 棉田套播（种）其他作物已出苗的禁用。

7.5 药品施用参照使用说明。

8 技术术语

化学脱叶：人工使用化学脱叶催熟剂，干预作物的生理生化过程，加快作物的生理生化进程，使其提前脱叶、加快成熟的一种技术。

9 引用和参考资料

HNZ091－2015　棉花油后直播技术规程

编写单位：湖南省棉花科学研究所

编写人员：李飞、郭利双、李景龙、何叔军、朱海山、贺云新湖南是中国最南端的棉花主产省份，面积、总产量均排名全国第六位。但随着近年来棉花市场的放开和农业劳动力锐减，棉花生产存在"请工难、用工贵、卖价低"等问题，植棉效益不理想，导致我省棉花产能不断下降。为稳定棉花生产，湖南省开展了大量试验研究和实践探索，形成了一整套棉花轻简化栽培技术，对促进我省棉花提质增效具有重要作用。

　　为普及推广实用栽培技术，我们组织编写了《棉花轻简化栽培技术》，重点介绍了棉花播种、田间管理、集中成铃、分段采收等轻简化栽培关键技术和立体高效种植技术模式，为棉花生产从劳动密集型向轻简技术应用型转变、实现"快乐植棉"提供了新技术、新路径。本书结构完整，图文并茂，深入浅出，是一本科学性、实践性、操作性很强的科普读物，可作为技术培训资料或供从业人员在生产中参考使用。

　　本书在编写过程中参阅和引用了国内外许多学者、专家的研究成果与文献，在此一并表示感谢！

　　由于编者水平有限，书中如有不妥之处，敬请读者批评指正。

编　者